# COMPLÉMENT

# D'ARITHMÉTIQUE

A L'USAGE

DES ASPIRANTS AU BREVET DE CAPACITÉ

DU 1er ET DU 2e DEGRÉ

ET DES CANDIDATS AUX BACCALAURÉATS

PAR

## P.-F. AMEY

SOUS-DIRECTEUR DE L'ÉCOLE NORMALE DE COURBEVOIE

PARIS

GRASSART, LIBRAIRE-ÉDITEUR

2, RUE DE LA PAIX

—

1876

# COMPLÉMENT

# D'ARITHMÉTIQUE

A L'USAGE

## DES ASPIRANTS AU BREVET DE CAPACITÉ

DU 1er ET DU 2e DEGRÉ

ET DES CANDIDATS AUX BACCALAURÉATS

PARIS. — IMPRIMERIE DE E. MARTINET, RUE MIGNON, 2.

# COMPLÉMENT

# D'ARITHMÉTIQUE

A L'USAGE

DES ASPIRANTS AU BREVET DE CAPACITÉ

DU 1er ET DU 2e DEGRÉ

ET DES CANDIDATS AUX BACCALAURÉATS

PAR

## P.-F. AMEY

SOUS-DIRECTEUR DE L'ÉCOLE NORMALE DE COURBEVOIE

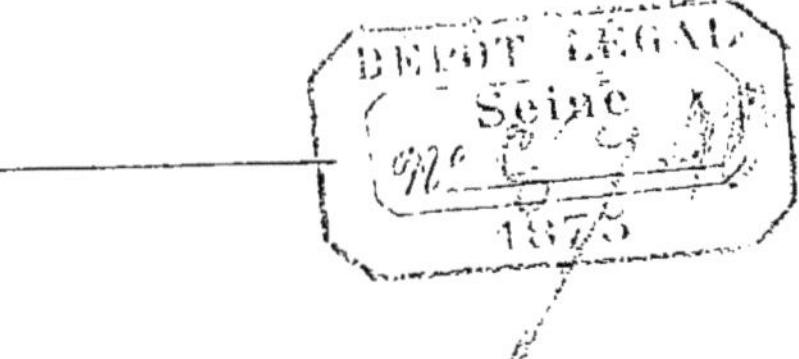

## PARIS

GRASSART, LIBRAIRE-ÉDITEUR

2, RUE DE LA PAIX

—

1876

# AVANT-PROPOS

Les pages qui suivent ont été écrites pour servir de complément à notre *Cours d'arithmétique*. Elles nous ont été suggérées par certaines questions que nous avons vu faire aux examens du brevet de capacité. Des questions comme celle-ci : *Comment peut-on reconnaître qu'un nombre est premier ? Quelle est la limite à laquelle il faut s'arrêter dans l'essai des divisions de ce nombre par 2, 3, 5, 7, etc..*, ne nous semblaient pas d'abord faire partie du programme, qui porte ces simples mots : *Calcul, système légal des poids et mesures.* Mais, puisque ces questions sont posées, il est nécessaire que les candidats soient aptes à y répondre. Nous avons, du reste, recueilli un certain nombre de questions données aux examens comme compositions écrites ; les élèves pourront s'y exercer.

Enfin, comme complément des éléments d'algèbre que l'on peut enseigner dans les Écoles normales primaires, nous exposons les calculs des radicaux, et les équations du second degré.

# COMPLÉMENT
# D'ARITHMÉTIQUE

A L'USAGE

DES ASPIRANTS AU BREVET DE CAPACITÉ

DU 1<sup>er</sup> ET DU 2<sup>e</sup> DEGRÉ.

---

## REMARQUES SUR LA MULTIPLICATION.

**1.** — La multiplication des nombres entiers se définit de la manière suivante : *La multiplication est une opération qui a pour but de répéter un nombre appelé multiplicande autant de fois qu'il y a d'unités dans un autre nombre appelé multiplicateur.*

Ainsi, si l'on a à multiplier 156 par 4, il faut répéter 4 fois le nombre 156.

Mais remarquons que cette définition n'est pas applicable à une multiplication de fractions. En effet : Soit à multiplier $\frac{3}{4}$ par $\frac{5}{6}$. On ne peut pas répéter $\frac{3}{4}$ cinq sixièmes de fois. Un nombre se répète 1 fois, 2 fois, 3 fois, etc., mais il ne se répète pas *une partie de fois.* Voilà pourquoi il est nécessaire, dans ce cas, d'adopter une autre définition, qui est celle-ci :

*La multiplication est une opération qui a pour but, étant donnés deux nombres, l'un appelé multiplicande et l'autre multiplicateur, d'en trouver un troisième appelé produit, qui se*

1

*composé avec le multiplicande comme le multiplicateur est composé avec l'unité.*

Reprenons l'exemple précédent. Soit $\frac{3}{4}$ à multiplier par $\frac{5}{6}$. D'après la dernière définition que nous venons de donner, il faut trouver un nombre appelé produit qui se compose avec le multiplicande $\frac{3}{4}$, comme le multiplicateur $\frac{5}{6}$ est composé avec l'unité. Or $\frac{5}{6}$ se compose des $\frac{5}{6}$ de l'unité; donc le produit se composera des $\frac{5}{6}$ de $\frac{3}{4}$. Nous prenons d'abord le sixième de $\frac{3}{4}$, ce qui donne une quantité 6 fois plus petite, ou $\frac{3}{4 \times 6}$; ensuite nous prenons 5 fois cette quantité, ce qui donne $\frac{3 \times 5}{4 \times 6} = \frac{15}{24} = \frac{5}{8}$.

Nous avons donc pris les $\frac{5}{6}$ de la fraction $\frac{3}{4}$. Il est à remarquer que, quand on multiplie un nombre entier par un autre nombre entier, le produit est toujours *plus grand* que le multiplicande; à moins toutefois que le multiplicateur ne soit 1; dans ce cas, le produit est égal au multiplicande.

Mais, lorsqu'on multiplie un nombre quelconque par une fraction, le produit est *plus petit* que le multiplicande. En effet, multiplier par exemple 4 par $\frac{3}{5}$, c'est prendre les $\frac{3}{5}$ de 4 : il est évident que les $\frac{3}{5}$ d'une quantité sont plus petits que cette quantité.

Ajoutons que, si les deux termes de la fraction multiplicateur étaient égaux, comme par exemple $\frac{5}{5}$, le produit serait égal au multiplicande; car $\frac{5}{5}$ égale l'unité.

**2.** — *Le nombre des chiffres du produit de deux facteurs (nombres entiers) est au plus égal au nombre total des chiffres des deux facteurs, et au moins égal au nombre total des chiffres de ces deux facteurs moins 1.*

Soit 4 852 à multiplier par 325.

Le nombre total des chiffres de ces deux facteurs est 7. Je vais prouver que le produit aura au plus 7 chiffres, et au moins 6.

Je prouve d'abord qu'il en aura au plus 7. Je représenterai le produit par P.

On a :

$$4852 < (1)\ 10\,000,$$
$$325 < \quad 1\,000;$$

Multipliant ces deux inégalités membre à membre, il vient :

$$P < 10\,000 \times 1\,000,$$
$$\text{ou} \qquad P < 10\,000\,000.$$

Si le produit P est plus petit que 10 000 000, il pourra tout au plus être égal à 9 999 999, nombre qui ne renferme que 7 chiffres : donc le produit P ne saurait avoir plus de 7 chiffres.

Je prouve maintenant que le produit P aura au moins 6 chiffres.

On a :

$$4852 > (2)\ 1\,000,$$
$$325 > \quad 100;$$

Multipliant ces deux inégalités membre à membre, il vient :

$$P > 1\,000 \times 100,$$
$$\text{ou} \qquad P > 100\,000.$$

Ainsi P est plus grand que 100 000 ; or, 100 000 se compose de 6 chiffres ; donc le produit P aura au moins 6 chiffres.

---

**3.** — Supposons qu'il y ait plus de deux facteurs.

(1) Le signe $<$ s'énonce *plus petit que.*
(2) Le signe $>$ s'énonce *plus grand que.*

*Le nombre des chiffres du produit de plusieurs facteurs est au plus égal au nombre total des chiffres des facteurs et au moins égal au nombre total des chiffres des facteurs moins le nombre des facteurs plus 1.*

Soit $12\,524 \times 4\,832 \times 523 \times 15$.

Le nombre total des chiffres de ces 4 facteurs est 14. Je dis que le produit, que je représenterai par P, aura au plus 14 chiffres.

On a :

$$12\,524 < 100\,000,$$
$$4\,832 < 10\,000,$$
$$523 < 1\,000,$$
$$15 < 100.$$

Multipliant ces inégalités membre à membre, il vient :

$$P < 100\,000\,000\,000\,000.$$

Si P est plus petit que $100\,000\,000\,000\,000$, il pourra tout au plus être égal à $99\,999\,999\,999\,999$, nombre qui ne renferme que 14 chiffres; donc P ne saurait avoir plus de 14 chiffres.

Je dis maintenant que le produit aura au moins $14 - 4 + 1$, c'est-à-dire 11 chiffres.

On a :

$$12\,524 > 10\,000,$$
$$4\,832 > 1\,000,$$
$$523 > 100,$$
$$15 > 10.$$

Multipliant ces inégalités membre à membre, il vient :

$$P > 10\,000\,000\,000.$$

Or, $10\,000\,000\,000$ se compose de 11 chiffres; donc P, qui est plus grand, aura au moins 11 chiffres.

---

4. — *Quel changement éprouve le produit de deux facteurs si l'on ajoute une certaine quantité à chacun d'eux?*

Soit $285 \times 23$.

Le produit effectué donne 6555.

Si j'ajoute 6, par exemple, à chacun de ces deux facteurs, je dis que *le produit augmentera de 6 fois le multiplicande, plus de 6 fois le multiplicateur, plus du carré de 6.*

En effet, en ajoutant 6 à chacun des deux facteurs, il vient :

$$(285 + 6) \times (23 + 6).$$

Cette multiplication peut se décomposer en 4 multiplications partielles, savoir :

$$285 \times 23 = 6\,555,$$
$$285 \times \phantom{0}6 = 1\,710,$$
$$6 \times 23 = \phantom{00}138,$$
$$6 \times \phantom{0}6 = \phantom{000}36.$$

Le produit primitif était de 6555 ; nous avons en plus $1710 + 138 + 36$, c'est-à-dire 6 fois le multiplicande, plus 6 fois le multiplicateur, plus le carré de 6.

Il est, du reste, facile de vérifier le résultat. En effet, si l'on ajoute 6 à chacun des deux facteurs, on a $291 \times 29 = 8439$.

De combien s'est augmenté le produit ?

De $8439 - 6555 = 1884$.

Or, 1884 se compose de $1710 + 138 + 36$.

————

5. — *Quel changement éprouve le produit de deux facteurs si l'on diminue chacun d'eux d'une certaine quantité ?*

Soit encore $285 \times 23$.

Le produit effectué donne 6555.

Si je retranche 6 par exemple, de chacun des deux facteurs, je dis que *le produit diminuera de 6 fois le multiplicande et de 6 fois le multiplicateur, et qu'il augmentera du carré de 6.*

Il est nécessaire, pour saisir ce qui va suivre, d'avoir fait des multiplications algébriques et d'avoir bien compris ce qu'on appelle la *règle des signes*. D'après cette *règle*, on sait que le produit d'un nombre *positif* par un nombre *négatif* est *négatif ;*

que le produit d'un nombre *négatif* par un nombre *positif* est *négatif*, et que le produit d'un nombre *négatif* par un nombre *négatif* est *positif*.

Cela étant, en retranchant 6 de chacun des deux facteurs donnés, il vient :

$$(285 - 6) \times (23 - 6).$$

Cette multiplication peut se décomposer en 4 multiplications partielles, savoir :

$$
\begin{aligned}
285 \times \quad 23 &= \quad 6\,555, \\
285 \times - 6 &= - 1\,710, \\
- 6 \times \quad 23 &= - \quad 138, \\
- 6 \times - 6 &= \quad 36.
\end{aligned}
$$

Donc, le produit primitif 6555 devra être diminué de 1710 et de 138, c.-à-d. de 6 fois le multiplicande et de 6 fois le multiplicateur; mais il sera augmenté de 6 fois 6 ou de 36.

NOTA. — Pour les *principes* qui se rapportent à la multiplication, nous renvoyons le lecteur à notre *Cours d'arithmétique*, page 29 et suivantes.

## REMARQUES SUR LA DIVISION.

6. — La division des nombres entiers se définit généralement de la manière suivante : *La division est une opération par laquelle on cherche combien de fois un nombre appelé dividende en contient un autre appelé diviseur.*

Cette définition peut être employée avec les commençants, lorsqu'il s'agit des divisions du premier cas (diviser un nombre d'un seul ou de deux chiffres par un nombre d'un seul chiffre, le quotient n'ayant qu'un seul chiffre). Il est clair que, si on a, par exemple, 18 à diviser par 6, on peut dire : je vais retrancher le nombre 6 du nombre 18 autant de fois que cela se pourra; si je le retranche une fois, il reste 12; si de 12 je retranche encore une fois 6, il reste 6; si de 6 je retranche encore une fois 6, il reste zéro; le nombre 6 est donc contenu 3 fois dans le nombre 18.

Mais, en opérant ainsi, on ne fait en définitive qu'une série de soustractions. Or, pour l'enfant, qui apprend, le mot *division* est un mot nouveau, qui implique l'idée d'une opération *nouvelle* et différente par conséquent de la soustraction. Il nous semble donc que, au lieu de traiter par la soustraction le premier cas de la division, il est préférable de le traiter par *la table de multiplication*, et d'adopter cette définition : La division est une opération qui a pour but, étant donnés le produit de deux facteurs et l'un de ces facteurs, de trouver l'autre. Si l'enfant a à diviser 18 par 6, il ne s'amusera pas à faire trois soustractions; connaissant sa table de multiplication, il sait que 3 fois 6 font 18; ce 3 est *l'autre* facteur qu'il fallait trouver.

Si cette dernière définition est préférable lorsqu'il s'agit des nombres entiers, elle devient absolument nécessaire lorsqu'il s'agit des fractions. Il est évident que, si l'on a à diviser $\frac{3}{4}$ par $\frac{5}{6}$, on ne peut pas chercher *combien de fois* $\frac{5}{6}$ est contenu dans $\frac{3}{4}$ on cherche un nombre qui, multiplié par $\frac{5}{6}$, reproduise $\frac{3}{4}$.

On dit aussi que la division a pour but *de partager un nombre appelé dividende en autant de parties égales que l'indique un autre nombre appelé diviseur*. Sans doute, cette définition peut s'appliquer dans certains cas, par exemple, s'il s'agit de partager une somme d'argent entre un certain nombre de personnes. Mais, pourrait-on l'appliquer dans une question comme celle-ci :

*On a acheté pour 1500 francs de drap; ce drap a été payé 15 francs le mètre : combien a-t-on acheté de mètres ?* Évidemment, il n'est pas ici question de partage. Si on connaissait le nombre de mètres, on trouverait le prix total 1500 en multipliant le prix de 1 mètre, c'est-à-dire 15 francs, par le nombre de mètres. On connaît donc un produit 1500, et l'un des facteurs de ce produit; il s'agit de trouver l'autre; nous revenons à la définition donnée plus haut :

*La division a pour but, étant donnés le produit de deux facteurs et l'un de ces facteurs, de trouver l'autre.*

---

7. — Lorsque le diviseur est un nombre entier, le quotient est toujours plus petit que le dividende; à moins toutefois que le diviseur ne soit l'unité : dans ce cas, le quotient est égal au dividende.

Si le diviseur est une fraction, c'est-à-dire s'il est *plus petit que l'unité*, le quotient est plus grand que le dividende.

Soit en effet à diviser 4 par $\frac{3}{5}$. On sait, d'après la définition, que, diviser 4 par $\frac{3}{5}$, c'est chercher un nombre appelé *quotient* qui, multiplié par $\frac{3}{5}$, reproduise 4. Or, multiplier un nombre par $\frac{3}{5}$, c'est en prendre les $\frac{3}{5}$; donc les $\frac{3}{5}$ du nombre que nous cherchons égalent 4; le cinquième égalera 3 fois moins ou $\frac{4}{3}$, et les *cinq* cinquièmes, c'est-à-dire le nombre entier, égaleront 5 fois plus, ce qui donne $\frac{4 \times 5}{3}$ ou $\frac{20}{3}$ ou $6\frac{2}{3}$.

Le quotient $6\frac{2}{3}$ est plus grand que le dividende 4; en effet nous avons pris les $\frac{5}{3}$ de 4, et les $\frac{5}{3}$ d'une quantité sont plus grands que cette quantité.

---

8. — *Le nombre des chiffres du quotient est au moins égal à la différence qui existe entre le nombre des chiffres du dividende et le nombre des chiffres du diviseur, et au plus égal à cette différence plus 1.*

Soit à diviser 478 536 par 28.

La différence qui existe entre le nombre des chiffres du dividende et le nombre des chiffres du diviseur est 4. Or, je dis que le quotient aura au moins 4 chiffres, et au plus 5.

Je vais d'abord prouver qu'il en aura au moins 4. En effet :

$$478\,536 \text{ est plus grand que } 100\,000 ;$$
$$28 \text{ est plus petit que } \qquad 100 ;$$

Or, en divisant 100 000 par 100, on trouve pour quotient 1000, nombre composé de 4 chiffres; donc, si on divise 478 536, nombre plus grand que 100 000, par 28, nombre plus petit que 100, on trouvera nécessairement pour quotient un nombre plus grand que 1000. — Donc le quotient aura au moins 4 chiffres.

Je vais maintenant prouver qu'il ne peut en avoir plus de 5. En effet :

$$478\,536 \text{ est plus petit que } 1\,000\,000 ;$$
$$28 \text{ est plus grand que } \qquad 10 ;$$

Or, en divisant 1000 000 par 10, on trouve pour quotient 100 000; donc si on divise 478 536, nombre plus petit que 1 000 000, par 28, nombre plus grand que 10, on aura nécessairement un quotient plus petit que 100 000. Puisque ce quotient doit être plus petit que 100 000, il pourra tout au plus être égal à 99 999, nombre qui n'a que 5 chiffres. Ainsi, le quotient ne pourra avoir plus de 5 chiffres.

---

Nota. — Pour les principes qui se rapportent à la division, nous renvoyons le lecteur à notre *Cours d'arithmétique*, page 41 et suivantes.

---

## DIVISIBILITÉ DES NOMBRES.

9. — Les principes relatifs à la divisibilité des nombres sont les suivants :

1° *Tout nombre qui en divise deux ou plusieurs autres divise leur somme.*

2° *Tout nombre qui en divise deux autres divise leur différence.*

3° *Tout nombre qui en divise un autre divise les multiples de cet autre nombre.*

4° *Tout nombre qui divise le dividende et le diviseur d'une division divise le reste.*

Pour la démonstration de ces principes, voir notre *Cours d'arithmétique*, page 47.

------

### Caractères de divisibilité.

10. — Nous avons donné dans notre *Cours d'arithmétique*, page 48, les caractères de divisibilité par 2, par 3, par 4, par 5, par 6, par 8, par 9, par 11, par 25 et par 125.

Nous ne donnerons ici que le caractère de divisibilité par 7.

### Recherche d'un caractère de divisibilité par 7.

Si nous divisons 1 par 7, nous aurons pour quotient 0, et pour reste 1 ;

Si nous divisons 10 par 7, nous aurons pour reste 3 ;

Si nous divisons 100 par 7, nous aurons pour reste 2.

Par conséquent nous pouvons formuler le principe suivant :

PRINCIPE I. — *Une unité, une dizaine, une centaine, sont des multiples de 7 plus 1, 3 ou 2.*

Essayons maintenant de diviser par 7 une unité de mille, une dizaine de mille et une centaine de mille.

En divisant une unité de mille, c'est-à-dire 1000 par 7, on trouve pour quotient 142 et pour reste 6. Si on avait 1 de plus au dividende, c'est-à-dire si on avait 1001, on trouverait pour quotient 143, et pour reste 0. Que manque-t-il donc à 1000 pour que ce soit un multiple exact de 7 ? il manque *une unité*; par conséquent, on peut dire que 1000 est un multiple de 7, moins 1.

On verrait de même qu'une dizaine de mille est un multiple de 7 moins 3;

Et que une centaine de mille est un multiple de 7 moins 2.

Par conséquent, nous pouvons formuler le principe suivant :

PRINCIPE II. — *Une unité, une dizaine, une centaine de mille, sont des multiples de 7, moins 1, 3 ou 2.*

En continuant le même raisonnement, on verrait que une unité, une dizaine, une centaine de *millions* sont des multiples de 7 *plus* 1, 3 ou 2; mais que une unité, une dizaine, une centaine de *billions* sont des multiples de 7 *moins* 1, 3 ou 2. Les deux principes précédents étant posés, prenons un nombre quelconque, par exemple :

$$45\ 834\ 962.$$

Séparons-le en tranches de 3 chiffres à commencer par la droite (la dernière tranche à gauche n'aura que 2 chiffres).

D'après les principes I et II,

| | | | | | |
|---|---|---|---|---|---|
| 2 unités = | un multiple de 7 | *plus* 2 fois 1 ou | 2, |
| 6 dizaines = | — | de 7 | *plus* 6 fois 3 ou | 18, |
| 9 centaines = | — | de 7 | *plus* 9 fois 2 ou | 18, |
| 4 unités de mille = | — | de 7 | *moins* 4 fois 1 ou | 4, |
| 3 dizaines de mille = | — | de 7 | *moins* 3 fois 3 ou | 9, |
| 8 centaines de mille = | — | de 7 | *moins* 8 fois 2 ou | 16, |
| 5 unités de millions = | — | de 7 | *plus* 5 fois 1 ou | 5, |
| 4 diz. de millions = | — | de 7 | *plus* 4 fois 3 ou | 12, |

Donc :

$$45\ 834\ 962 = \text{un mult. de } 7 + 2 + 18 + 18 + 5 + 12 - 4 - 9 - 16;$$
$$45\ 834\ 962 = \quad - \quad \text{de } 7 + 62 - 29;$$
$$45\ 834\ 962 = \quad - \quad \text{de } 7 + 33.$$

Cela signifie que, pour avoir un multiple exact de 7, il faudrait retrancher 33 du nombre 45 834 962; on obtiendrait ainsi 45 834 929.

Ce dernier nombre, disons-nous, est exactement divisible par

7; si 33 l'était aussi, la somme 45 834 962, d'après un principe connu, serait également divisible par 7.

Or, d'où vient 33? on s'en rend facilement compte par le raisonnement que nous venons de faire. De là la règle suivante :

*On partage le nombre en tranches de 3 chiffres en commençant par la droite, puis on multiplie les unités, les dizaines et les centaines de chaque tranche par 1, 3, 2; on fait la somme des produits obtenus dans les tranches de rang impair, et la somme des produits obtenus dans les tranches de rang pair; on retranche cette dernière somme de la première, et, si le résultat obtenu est divisible par 7, le nombre donné est lui-même divisible par 7.*

Nota. — Si la somme des produits obtenus dans les tranches de rang impair était plus petite que l'autre, on l'augmenterait de 7 ou d'un multiple de 7, afin de rendre la soustraction possible.

———

11. — *Si deux nombres sont composés des mêmes chiffres, leur différence est divisible par 9 et par 3.*

Soient les deux nombres 48 536 et 83 564. Ces deux nombres sont composés des mêmes chiffres. Je dis que leur différence sera divisible par 9.

En effet, on a :

$$83\,564 = \text{un multiple de } 9 + 26,$$
$$48\,536 = \text{un multiple de } 9 + 26.$$

Retranchons ces deux égalités membre à membre. En retranchant 48 536 de 83 564, on obtient 35 028. En retranchant un multiple de 9 d'un autre multiple de 9 plus grand, on obtient évidemment un multiple de 9; et en retranchant 26 de 26, on obtient 0; donc 35 028 = un multiple de 9.

Nota. — La démonstration pour 3 serait la même que pour 9.

———

12. — *Preuve par 9 de la multiplication.*

Soit la multiplication suivante.

$$
\begin{array}{ll}
463586 & 5 \\
\phantom{0000}328 & 4 \\
\hline
3708688 & 20 \ (2) \\
927172 & \\
1390758 & \\
\hline
152056208 & \hspace{2cm} (2)
\end{array}
$$

Je cherche le reste de la division du multiplicande par 9, ce qui se fait en faisant la somme des chiffres, et en retranchant 9 autant de fois que cela se peut.

Je trouve 5, que j'écris à la droite du multiplicande.

Je cherche de même le reste de la division du multiplicateur par 9 ; je trouve 4, que j'écris à la droite du multiplicateur.

Je fais le produit de 5 par 4 : je trouve 20 ; de 20 je retranche 9 autant de fois que cela se peut, et j'obtiens 2.

Enfin je cherche le reste de la division du produit par 9, et je trouve aussi 2 : ce qui tend à prouver que l'opération est juste.

Voilà la manière de faire la preuve par 9 d'une multiplication. Je vais maintenant donner la démonstration.

*Démonstration.*

$$
\begin{aligned}
463\,586 &= \text{m. de } 9 + 5 ; \\
328 &= \text{m. de } 9 + 4 .
\end{aligned}
$$

Multiplions ces deux égalités membre à membre ; il vient :

$$152\,056\,208 = (\text{m. de } 9 + 5) \times (\text{m. de } 9 + 4) \ (1).$$

Or, la multiplication indiquée dans le second membre de l'égalité (1) peut se décomposer en quatre multiplications partielles, savoir :

$$
\begin{aligned}
\text{m. de } 9 \times \text{m. de } 9 &= \text{m. de } 9 ; \\
\text{m. de } 9 \times 4 &= \text{m. de } 9 ; \\
5 \times \text{m. de } 9 &= \text{m. de } 9 ; \\
5 \times 4 = 20 &= \text{m. de } 9 + 2 .
\end{aligned}
$$

Ainsi, (m. de $9 + 5$)$\times$(m. de $9 + 4$) $=$ m. de $9 +$ m. de $9$ $+$ m. de $9 +$ m. de $9 + 2$. Mais la somme de 4 multiples de 9 égale un multiple de 9 ;

Donc, (m. de $9 + 5$) $\times$ (m. de $9 + 4$) $=$ m. de $9 + 2$, et par conséquent,

$152\,056\,208 =$ m. de $9 + 2$, ce qui prouve que le reste de la division par 9 de $152\,056\,208$ doit être 2 : c'est en effet ce que nous avons trouvé précédemment.

REMARQUE. — La preuve par 9 n'est pas infaillible. En effet, si nous remplaçons les deux 0 du produit par deux, 9, il est évident que le produit changera, et cependant le reste de la division par 9 du nombre ainsi obtenu ne changera pas, ce sera encore 2. L'erreur que nous aurions ainsi commise ne serait pas signalée par la preuve par 9.

Au lieu de faire la preuve par 9, on peut la faire par 11, en appliquant le caractère de divisibilité par 11.

---

13. — *Si on divise deux ou plusieurs nombres par leur plus grand commun diviseur, les quotients obtenus sont premiers entre eux.*

Soient les deux nombres 360 et 92.

En cherchant leur plus grand commun diviseur, par l'une ou l'autre des deux méthodes connues, on trouve 4. Je dis que le quotient de 360 par 4, c'est-à-dire 30, et le quotient de 92 par 4, c'est-à-dire 23, doivent être premiers entre eux. En effet :

S'ils pouvaient avoir un facteur commun, 2 par exemple, en sorte que l'on eût $90 = 2 \times q$ et $23 = 2 \times q'$ (q et q' étant des nombres entiers), il en résulterait :

$$360 = 4 \times (2 \times q) = (4 \times 2) \times q$$
$$92 = 4 \times (2 \times q') = (4 \times 2) \times q';$$

Donc $4 \times 2$ ou 8 serait *commun diviseur* de 360 et de 92, et par conséquent 4 ne serait pas *leur plus grand commun diviseur*, ce qui est contraire au résultat trouvé.

---

14. — *Formation d'une table de nombres premiers.*

Un nombre *premier* est celui qui n'est divisible que par lui-même et par l'unité.

Nous ne rappellerons pas ici les principes qui ont rapport aux nombres premiers; nous les avons donnés dans notre *Cours d'arithmétique* page 56.

Nous indiquerons seulement la manière de former une table de nombres premiers.

Supposons qu'il s'agisse de former une table de tous les nombres premiers depuis 1 jusqu'à 100.

Je commence par écrire la suite des nombres naturels : 1, 2, 3, 4, 5, 6, 7, 8, 9, 10, 11, 12, 13, 14, 15, 16, 17, 18, 19, 20, 21, 22, 23, 24, 25, 26, 27, 28, 29, 30, 31, 32, 33, 34, 35, 36, 37, 38, 39, 40, 41, 42, 43, 44, 45, 46, 47, 48, 49, 50, 51, 52, 53, 54, 55, 56, 57, 58, 59, 60, 61, 62, 63, 64, 65, 66, 67, 68, 69, 70, 71, 72, 73, 74, 75, 76, 77, 78, 79, 80, 81, 82, 83, 84, 85, 86, 87, 88, 89, 90, 91, 92, 93, 94, 95, 96, 97, 98, 99, 100.

Dans ce tableau, je barre tous les multiples de 2, savoir : 4, 6, 8, 10, 12, 14, 16, 18, 20, 22, 24, 26, 28, 30, 32, 34, 36, 38, 40, 42, 44, 46, 48, 50, 52, 54, 56, 58, 60, 62, 64, 66, 68, 70, 72, 74, 76, 78, 80, 82, 84, 86, 88, 90, 92, 94, 96, 98, 100;
tous les multiples de 3, savoir : 9, 15, 21, 27, 33, 39, 45, 51, 57, 63, 69, 75, 81, 87, 93, 99;
tous les multiples de 5, savoir : 25, 35, 55, 65, 85, 95;
tous les multiples de 7, savoir : 49, 77, 91.

Les nombres qui restent, c'est-à-dire 1, 2, 3, 5, 7, 11, 13, 17, 19, 23, 29, 31, 37, 41, 43, 47, 53, 59, 61, 67, 71, 73, 79, 83, 89, 97, sont les nombres premiers depuis 1 jusqu'à 100.

———

15. — *Manière de reconnaître si un nombre est premier.*

Pour voir si un nombre est premier, il faut essayer de le diviser par 2, par 3, par 5, par 7, etc... Mais où faut-il s'arrêter dans ces *essais?* c'est ce que nous allons examiner.

Je vais prouver que *un nombre est reconnu premier lorsqu'il n'est divisible par aucun nombre inférieur à la partie entière de sa racine carrée.*

Soit un nombre N.

Il est évident que $N = \sqrt{N} \times \sqrt{N}$.

Si N admettait un diviseur *plus grand* que le premier facteur $\sqrt{N}$, c'est-à-dire *plus grand* que la partie entière de $\sqrt{N}$, il admettrait par cela même un second diviseur qui, par compensation, serait *plus petit* que le second facteur $\sqrt{N}$, c'est-à-dire *plus petit* que la partie entière de $\sqrt{N}$ : ce qui serait contraire à l'énoncé de la proposition.

Exemple : Soit le nombre 859, dont la partie entière de la racine carrée est 29. On ne devra pousser les *essais* que jusqu'à 29, dernier des nombres premiers compris dans la suite des nombres depuis 1 jusqu'à 30.

---

16. — *Un nombre quelconque ne peut être formé qu'avec un seul système de facteurs premiers; ou, ce qui est la même chose, un nombre ne peut être décomposé que d'une seule manière en ses facteurs premiers.*

Soit un nombre N égal à $a \times b \times c \times d$..... (a, b, c, d étant des facteurs premiers).

Je dis que ce même nombre N ne saurait être égal à $a' \times b' \times c' \times d'$... (a', b', c', d' étant des facteurs premiers différents de a, b, c, d).

Car a', par exemple, étant premier avec chacun des facteurs a, b, c, d, ne divise aucun de ces facteurs, et, par conséquent, d'après un principe connu (1), ne saurait diviser le produit de ces facteurs, c'est-à-dire N.

Prenons pour exemple le nombre 2310.

Décomposons ce nombre en ses facteurs premiers, en commençant par le facteur 2; nous aurons :

| | |
|---|---|
| 2 310 | 2 |
| 1 155 | 3 |
| 385 | 5 |
| 77 | 7 |
| 11 | 11 |

(1) Voir notre *Cours d'arithmétique*, page 57, 5° principe.

Nous voyons que $2\,310 = 2 \times 3 \times 5 \times 7 \times 11$.

Si au lieu de commencer par le facteur 2, nous commençons par le facteur 11, nous trouverons les mêmes facteurs, comme l'indique le tableau suivant :

| 2 310 | 11 |
|---:|---|
| 210 | 7 |
| 30 | 5 |
| 6 | 3 |
| 2 | 2 |

**17. — *Trouver tous les diviseurs d'un nombre.***

Soit le nombre 2310. Je le décompose d'abord en ses facteurs premiers, comme précédemment ; et, comme l'unité divise aussi le nombre donné, j'ai pour facteurs premiers 1, 2, 3, 5, 7, 11.

J'écris ces nombres dans une colonne verticale, comme l'indique le tableau suivant :

1,
2,
3, 6,
5, 10, 15, 30,
7, 14, 21, 42, 35, 70, 105, 210,
11, 22, 33, 66, 55, 110, 165, 330, 77, 154, 231, 462, 385, 770, 1155, 2310.

Ensuite, je multiplie 3 par 2, et j'obtiens 6 que je place à la droite de 3 ; puis je multiplie 5 par 2, par 3, par 6, et je trouve 10, 15, 30, que je place à la droite de 5 ; et ainsi de suite. Je trouve ainsi tous les facteurs de 2310. On voit qu'il y en a 32.

Pour justifier cette manière d'opérer, je rappellerai le principe suivant (voir notre *Cours d'arithmétique*, page 57, 6ᵉ principe) :

*Tout nombre divisible par deux autres nombres premiers entre eux est divisible par leur produit.*

2310 étant divisible par 5 et par 3, par exemple (5 et 3 sont

2

premiers entre eux), sera aussi divisible par leur produit, c.-à-d. par 15.

2310 étant divisible par 7 et par 30 (deux nombres premiers entre eux), sera aussi divisible par leur produit, c.-à-d. par 210. Ainsi de suite.

# DES ASPIRANTS AU BREVET DE CAPACITÉ

(Académie de Paris)

1. — Réduire au plus simple dénominateur les fractions suivantes :

$$\frac{7}{12},\ \frac{9}{20},\ \frac{19}{56}.$$

Indiquer la méthode qui sert à résoudre toutes les questions de ce genre.

2. — Quel est le capital qui, augmenté des intérêts à 5 p. 100, donne, après 12 ans, 10 000 francs ?

3. — Exécuter et raisonner la division du nombre décimal 3,1415 926 par la fraction 0,2.

4. — Un marchand a vendu en détail 650 mètres d'étoffe, savoir : 150 mètres pour 740 francs, et le reste à raison de 5 fr. 50 le mètre. A ce marché, il a gagné 2 fr. 50 par mètre. A quel prix avait-il acheté primitivement chaque mètre de cette étoffe ?

5. — Diviser 0,004 par 0,02. Expliquer l'opération.

6. — 1 kilog. de houille donne 7,656 unités de chaleur ; 1 kilog. de bois en donne 3,600 ; 1 stère de bois pèse 360 kilog. ; 1 hectol. de houille pèse 84 kilog. ; 1 stère de bois coûte 26 fr. ; la houille coûte 40 francs les 15 hectolitres. Quel est le prix comparatif des deux chaleurs ?

7. — Traiter de la multiplication des fractions sur les exemples suivants :

$$7 \times \frac{3}{4};\ \frac{5}{6} \times 2.$$

8. — La révolution de la terre autour du soleil s'effectue en

365 jours 2422 environ. Traduire la fraction décimale en heures, minutes et secondes, en rendant compte des opérations effectuées.

9. — Les frais nécessaires pour extraire le cuivre d'un quintal de minerai s'élèvent à 5 fr. 75. On a acheté, à raison de 18 francs le quintal, une certaine quantité de minerai dont la richesse en cuivre est de 12 pour 100. Quand on extrait le cuivre, on en perd les 0,02 pendant l'opération. A quel prix revient le quintal de cuivre?

10. — Donner la définition des fractions.

Démontrer qu'en divisant les deux termes d'une fraction par un même nombre, la fraction ne change pas de valeur; prendre pour exemple la fraction $\frac{12}{54}$, dont on divise les deux termes par 6.

11. — On demande la quantité d'argent qu'il faut unir à 197 grammes de cuivre pour avoir un alliage propre à fabriquer des pièces de 1 fr. — Déterminer en francs la somme qu'on obtiendra.

12. — Une personne lègue son bien, montant à 256 000 fr., sous les conditions suivantes : son neveu aura deux fois plus que chacune de ses nièces, ses nièces auront chacune deux fois plus que chacun de ses cousins, ses cousins auront deux fois plus que chacune de ses cousines. Combien revient-il à chaque héritier, sachant qu'il y a 1 neveu, 2 nièces, 4 cousins et 8 cousines?

13. — Un particulier a consacré la somme de 6150 francs à l'exploitation d'une fabrique. Au bout de 30 mois, cette somme a été épuisée, mais les recettes ont excédé les dépenses. Ces dépenses ont eu lieu à raison de 805 fr. par mois. Quelle a été la recette mensuelle?

14. — Donner la théorie de la division des nombres entiers sur l'exemple suivant : 35694 : 485.

15. — Un train de chemin de fer est parti à 11 h. 20 m. du matin et parcourt 18 kilomètres en 40 minutes. Un autre train, allant dans le même sens, est parti à midi, et parcourt 1 myria-

mètre en 12 minutes. A quel moment précis les deux trains ne seront-ils plus qu'à 1 kilomètre l'un de l'autre?

16. — Deux ouvrières doivent faire chacune une douzaine et demie de chemises. La première en fait 6 en 5 jours; la deuxième 8 en 9 jours. Combien de jours la seconde doit-elle travailler de plus que la première?

17. — Transformer en fraction décimale la fraction ordinaire $\frac{25}{72}$, et expliquer l'opération.

18. — Un marchand a acheté 29 pièces de drap de 48 mètres chacune, à raison de 19 fr. 75 le mètre. Il a vendu le tout avec un bénéfice de 7 fr. 5 pour 100. On demande : 1° le prix d'achat; 2° le prix de vente; 3° le bénéfice du marchand.

19. — Quand le produit est-il plus petit que le multiplicande? Quand le quotient est-il plus grand que le dividende?

20. — Une personne achète, pour la somme de 1950 francs, un pré qu'elle loue à raison de 60 francs par an. Les contributions sont de 5 fr. 75. Quel est le revenu net pour 100 du capital?

21. — Expliquer la multiplication des fractions sur l'exemple suivant :
$$\left(3 - \frac{7}{9}\right) \times \frac{5}{8}.$$

22. — On a acheté une pièce d'étoffe pour la somme de 175 fr. On demande le prix du mètre et le prix d'une robe de cette étoffe, sachant qu'il en faut $7^m \cdot 50$; on sait en outre que si la pièce d'étoffe avait $2^m \cdot 5$ de plus, il y en aurait assez pour faire 7 robes.

23. — Montrer les avantages du système métrique.

24. — Réduire à sa plus simple expression la fraction $\frac{1078}{2541}$, au moyen de la décomposition des deux termes en leurs facteurs premiers.

25. — L'hectare de terre produit 16 hectol. de froment; 1 hectol. de froment pèse 78 kilog., et fournit en farine les $\frac{3}{4}$ de son poids; dans la fabrication du pain, à 100 kilog. de farine,

on ajoute 50 kilog. d'eau; enfin, la pâte perd dans la cuisson 15 pour 100 de son poids. Quelle est la quantité de pain que l'on peut fabriquer par jour en France, avec la farine produite par les 5 586 786 hectares de terre cultivés en froment?

26. — Déterminer le quotient de 313 par 87, avec trois chiffres décimaux, et prouver qu'il représente le véritable quotient, à moins de 0,001 près.

27. — Un menuisier ébéniste fait annuellement pour 438 000 fr. d'affaires sur lesquelles il gagne 6 pour 100; il veut régler la dépense de manière à économiser pour des bonnes œuvres 5 fr. sur 25 fr. de son revenu. Quelle sera la dépense journalière?

28. — Multiplier $2 + \dfrac{3}{5}$ par $1 + \dfrac{4}{7}$. Expliquer l'opération, en s'appuyant sur la définition.

29. — Un orfévre a deux lingots d'argent. Le premier contient 855 grammes d'argent et 45 grammes de cuivre. Le second contient 648 grammes d'argent et 162 grammes de cuivre. Combien doit-il prendre de grammes de chacun de ces lingots pour obtenir un nouveau lingot pesant 972 grammes et contenant 874 gr. 8 d'argent?

30. — Un convoi de chemin de fer doit parcourir une distance de 537 kilomètres à raison de 35 kilom. à l'heure. Parvenu au tiers de sa course, on augmente de 5 kilom. par heure la vitesse de la locomotive. A quelle heure le convoi arrivera-t-il à sa destination? Le départ a eu lieu à 7 heures 10 minutes du matin.

31. — On demande le poids de l'air qui remplit un ballon dont la capacité est de 825 litres 05 centilitres, sachant que l'eau pèse 770 fois plus que l'air.

32. — Une personne a acheté 278 hectol. de blé. En recevant son blé, elle s'aperçoit qu'une partie est avariée, et elle obtient une réduction de prix égale aux $\dfrac{2}{9}$ du prix convenu d'abord; de la sorte, elle donne 1 112 fr. de moins. Quel était le prix de l'hectol. de blé?

33. — Quelles sont les mesures agraires? Y a-t-il des lacunes dans la série décimale? Pourquoi?

34. — Quel changement fait-on subir à une fraction si l'on ajoute chaque terme à lui-même?

35. — Par quel nombre faut-il multiplier une fraction pour avoir cette fraction renversée?

36. — Par quel nombre faut-il diviser une fraction pour avoir cette fraction renversée?

37. — Une pièce de toile écrue a perdu au blanchissage 17 pour 100 de sa longueur; elle ne contient plus aujourd'hui que $18^m,48$; le mètre de toile écrue ayant coûté 1 fr. 55, à combien revient le mètre de toile blanchie?

38. — Expliquer la théorie de la simplification des fractions sur l'exemple suivant : $\dfrac{72}{108}$.

39. — Diviser 3,141 par $\dfrac{5}{8}$. On commencera par convertir $\dfrac{5}{8}$ en décimales.

40. — Transformer en fraction décimale la fraction ordinaire $\dfrac{21}{48}$ et expliquer l'opération.

41. — Une personne achète des caisses de marchandises sur le prix desquelles on lui fait une remise de 10 pour 100. Le prix brut est alors de 2 745 francs. Cette personne revend les caisses vides pour 30 fr. 50. On demande à combien pour cent s'élève alors la remise.

42. — Expliquer la division des nombres décimaux sur l'exemple suivant :

$$42,705 : 0,36.$$

Pourquoi, dans cet exemple, le quotient est-il plus grand que le dividende?

43. — Un colporteur est chargé de vendre une marchandise; on lui accorde comme paiement 12 pour 100 du prix auquel il la vend. Au bout de 18 jours, toute la marchandise est vendue, et il reste au colporteur un bénéfice de 215 fr. 70 après le paye-

ment de ses frais de voyage qui se sont élevés à 6 fr. 50 par jour. Combien a-t-il tiré de sa marchandise?

44. — Une pièce d'étoffe de 24 m. $\frac{3}{4}$ a coûté 299 fr. 97, en y comprenant les frais d'envoi qui s'élèvent au centième du prix de la pièce. On demande ce qu'aurait coûté le mètre de cette étoffe, s'il n'y avait pas eu de frais d'envoi.

45. — Donner la théorie et la preuve de la multiplication des fractions ordinaires sur les deux exemples suivants :

$$\frac{3}{4} \times 7; 5 \times \frac{2}{9}.$$

46. — Sachant que le quart du méridien est divisé en 90 degrés de latitude, donner la longueur du degré et des lieues de 25 au degré et de 20 au degré; exprimer en lieues le tour de la terre.

47. — Exposer la partie du système légal qui regarde les mesures de poids. Marquer la correspondance de ces mesures avec certains volumes d'eau.

48. — Deux wagons partent en même temps de la même station et se dirigent en sens contraire. La vitesse du premier est de 44 kilomètres à l'heure; celle du second, de 64 kilomètres. On demande après combien de temps les deux wagons seront éloignés de 680 kilomètres, et quelle sera alors la distance de chacun d'eux au point de départ.

49. — On a payé 91 fr. 35 une balle de café vert pesant 45ᵏᵍ75. Le café perdra, par la torréfaction 28, % de son poids. Combien faudra-t-il revendre le kilogramme pour faire un bénéfice de 12 % ?

50. — Expliquer la transformation des fractions ordinaires en fractions décimales sur l'exemple $\frac{35}{56}$.

51. — Quelle quantité de cuivre faut-il ajouter à un lingot d'argent pesant 3ᵏᵍ852 grammes pour en faire de la monnaie au titre de $\frac{9}{10}$? Quelle sera la somme d'argent ainsi fabriquée?

52. — Comment réduit-on une fraction à sa plus simple expression? Appliquer la règle à la fraction $\frac{945}{2\,385}$ et raisonner l'opération.

53. — Deux négociants s'étant associés pour deux ans ont fait un bénéfice de 60 000 francs. L'un a mis 12 000 francs au commencement de la société, a retiré 5 000 francs au bout de 15 mois, et 5 mois plus tard a ajouté à sa mise 2 500 francs. L'autre a mis 16 000 francs, 9 mois après le commencement de la société, et 9 mois plus tard a ajouté 1 000 francs. On demande le bénéfice de chacun à raison de ses mises et du temps qu'elles sont restées dans le commerce.

54. — Dire ce que l'on entend par titre d'un objet d'or. Calculer la valeur du kilogramme d'or pur, sachant que l'on accorde 6 fr. 70 à l'entreprise des monnaies pour frais de fabrication d'un kilogramme de monnaie d'or.

55. — Une personne fait un héritage de 200 000 francs; elle emploie une partie de cette somme pour acheter une maison d'habitation et place les $\frac{4}{5}$ du reste à 5 °/₀ par an; enfin, avec l'autre cinquième, elle achète des obligations du chemin de fer de Lyon; chaque obligation lui coûte 330 francs, et rapporte 15 francs par an. Sachant que cette personne se fait ainsi 6237 francs de revenu, on demande de calculer :

1° Le capital placé à 5 °/₀ ;

2° Le nombre d'obligations achetées;

3° Le prix de la maison.

56. — Démontrer qu'une fraction change d'écriture et de valeur quand on augmente ou quand on diminue les deux termes d'un même nombre.

57. — Calculer le volume et la densité du franc au nouveau titre.

58. — Énoncer et démontrer le caractère de divisibilité d'un nombre par 9.

59. — Démontrer que le produit de deux fractions est plus petit que chacune d'elles; en déduire une conséquence relative-

ment au carré, au cube, et à toutes les puissances d'une fraction.

60. — Diviser 4,532 par 784.

61. — En passant à l'état de foin sec, le fourrage vert perd les $\frac{7}{9}$ de son poids, et une botte de foin sec pèse 5 kilogrammes.

Une prairie artificielle de 2 hectares 55 ares a produit, en deux coupes égales, une quantité de fourrage qui, réduite à l'état de foin sec, a été vendu à raison de 51 fr. 50 les 100 bottes, au prix total de 1 522 fr. 64. On demande le poids de foin vert produit par hectare et par coupe.

62. — Expliquer dans quel cas le quotient d'une division est inférieur, égal ou supérieur au dividende. — A quoi reviennent les divisions d'un nombre par $\frac{1}{3}$, par $\frac{1}{7}$, par 0,5, par 0,25?

63. — Un lingot d'argent pur pèse 2ᵏᵍ505 gr. On veut l'employer à la fabrication de pièces de 2 francs, de 1 franc, et de 0 fr. 50. Combien faut-il y ajouter de cuivre (le titre étant 0,835), et combien aura-t-on de pièces de chaque sorte, si l'on veut que le nombre des pièces de 1 franc soit triple, et celui des pièces de 0 fr. 50 quintuple du nombre des pièces de 2 francs?

64. — Expliquer la décomposition d'un nombre en ses facteurs premiers. On raisonnera sur le nombre 360. Dresser le tableau de tous les diviseurs de 360, tant premiers que non premiers.

65. — Démontrer qu'en ajoutant un même nombre aux deux termes d'une fraction, on l'augmente; que le contraire a lieu si, au lieu d'une fraction, il s'agit d'une expression fractionnaire. Qu'arrivera-t-il si l'on continue indéfiniment à ajouter un même nombre aux deux termes? Quelle sera la limite de la fraction ainsi transformée?

66. — Démontrer : 1° Que tout nombre qui en divise exactement deux ou plusieurs autres, divise aussi leur somme; 2° que tout nombre qui en divise un autre divise aussi tous les multiples de cet autre.

67. — Définir la division. — Exposer et démontrer le moyen de déterminer le nombre de chiffres du quotient.

68. — Qu'est-ce que réduire des fractions au même dénominateur? Sur quels principes repose la réduction des fractions au même dénominateur? Quels sont les divers moyens pratiques employés pour réduire des fractions au même dénominateur? Réduire au plus petit dénominateur commun les fractions suivantes :

$$\frac{3}{4}, \frac{7}{8}, \frac{11}{12}, \frac{13}{18}, \frac{17}{24}, \frac{35}{36}.$$

Expliquer l'opération.

69. — Conversion des fractions décimales en fractions ordinaires.

Exposé de la règle générale sur les fractions décimales 0,625; 0,454545...; 0,3181818...

70. — On a 150 grammes d'alliage au titre de $\frac{11}{12}$. Combien faut-il y ajouter de cuivre pour abaisser cet alliage au titre de 0,9?

71. — Une personne brûle par jour les $\frac{3}{4}$ d'un seau de charbon de terre contenant 19 kilog. de charbon. 7 hectol. 1/2 de charbon coûtent 26 fr. et l'hectol. de charbon pèse 82 kilog. Combien cette personne dépense-t-elle pour son chauffage depuis le 1er novembre jusqu'au 1er avril?

72. — Un sac de blé de 148 litres pèse 117 kilog.; quand on le réduit en farine, il perd les 0,17 de son poids; d'autre part, avec 3 kilog. de farine, on peut faire 4 kilog. de pain. Combien pourra-t-on faire de kilogrammes de pain avec ce sac de blé, et quelle sera la valeur de ce pain à raison de 0,475 le kilogramme?

73. — Trois personnes doivent se partager également 115 fr. d'or fin. Déterminer le nombre de chiffres décimaux que doit avoir le quotient pour que le poids de l'or qui revient à chacune des personnes soit tel qu'elles perdent moins de 5 centimes.

74. — Rapporter au mois pris pour unité le nombre complexe: 9 mois 7 jours 5 heures 8 minutes 3 secondes.

75. — Une personne a placé un capital au taux de 5 0/0; au bout de quatre ans, elle retire ce capital, y joint les intérêts

simples qu'il a produits pendant ce temps, et place le tout au taux de 7 0/0 ; il se trouve alors qu'elle a annuellement un revenu de 3500 fr. Quelle somme avait-elle d'abord placée?

76. — Expliquer la manière de réduire au même dénominateur : 1° des fractions ordinaires ; 2° des fractions décimales écrites sous la forme de fractions ordinaires.

77. — On fond ensemble deux lingots d'argent dont le premier pèse 480 grammes et est au titre de 0,94, et dont le second pèse 560 grammes et est au titre de 0,96. Quel est le titre du lingot ainsi obtenu? Quelle est sa valeur au change de la nouvelle monnaie d'argent dont le titre est 0,835?

78. — La distance de Paris à Lyon est de 495 kilomètres, et le train express qui part de Paris à 11 heures du matin, arrive à Lyon à 10 heures du soir. Le train express qui part de Lyon à 7 heures du soir croise le train de Paris à $8^h 21^m$ du soir; on demande la vitesse de ce second train et l'heure de son arrivée à Paris.

79. — Le dollar est une monnaie d'argent qui pèse $26^{gr},729$ et dont le titre est 0,9 ; le thaler est une autre monnaie d'argent qui pèse $22^{gr},273$, et dont le titre est 0,75. On demande combien il faudra de dollars pour faire une somme d'argent équivalente à 5460 thalers.

80. — Qu'entend-on par *rapport direct* et par *rapport inverse* dans les problèmes dits *règles de trois?* Donner un exemple de chaque sorte.

81. — Une somme d'argent placée pendant huit mois est devenue avec ses intérêts 1277 fr. 20; la même somme placée pendant quinze mois au même taux est devenue avec les intérêts simples 1309 fr. 75. Quelle est la somme placée, et quel est le taux de l'intérêt?

*Problèmes de géométrie et de dessin linéaire.*

82. — Un terrain a la forme d'un trapèze; ses deux bases parallèles sont, l'une de $108^m,50$, l'autre de $140^m,20$; sa hauteur est de $112^m,30$. Quelle est la surface de ce terrain?

83. — Construire, à l'échelle de 1,05, un polygone régulier de huit côtés, inscrit dans un cercle de 30 mètres de rayon.

Circonscrire à ce même cercle un octogone régulier, en choisissant pour points de contact les sommets de l'octogone inscrit.

84. — Un réservoir de forme rectangulaire et reposant sur le sol horizontal par l'une de ses bases, contient de l'eau jusqu'à une certaine hauteur. On fait écouler cette eau dans un autre réservoir de forme cylindrique et dont les bases sont aussi horizontales. On demande à quelle hauteur l'eau s'élèvera dans ce dernier réservoir, sachant : 1° Qu'elle s'élevait à $2^m,4$ de hauteur dans le premier réservoir dont la base a $3^m,4$ de longueur sur $2^m,8$ de largeur; 2° que le diamètre du réservoir cylindrique est égal à $4^m,2$.

85. — Dessiner un triangle dont les côtés soient respectivement égaux à 4 centimètres, 5 centimètres et 6 centimètres, et construire un carré équivalent à ce triangle.

86. — Trouver le côté du triangle équilatéral équivalent à un carré dont le côté est $2^m,518$.

87. — Construire un décagone régulier ayant 35 millimètres de côté; mesurer le rayon de la circonférence circonscrite à ce décagone, et inscrire sur le dessin la longueur trouvée.

88. — Une tige cylindrique a $0^m,52$ de longueur et $0^m,018$ de diamètre. On fait argenter cette tige, et la couche d'argent qui la recouvre alors a une épaisseur uniforme de 1 dixième de millimètre. On demande de combien le volume de cette tige a augmenté, et quel est le poids de l'argent déposé à la surface de cette tige, sachant que le centimètre cube d'argent pèse $10^{gr},47$.

89. — Inscrire dans un cercle de 35 millimètres de rayon un polygone régulier de 16 côtés.

90. — Un terrain carré de 4 hectares 4 ares 1 centiare doit être entouré d'un fossé dont la profondeur sera de 60 centimètres, dont la section sera un trapèze, la grande base ayant 80 centimètres, le rapport des bases étant $\frac{3}{5}$, l'axe du fossé se trouvant sur la limite du terrain; on demande le plus grand volume d'eau que pourra contenir le fossé.

91. — La différence entre la longueur de la diagonale d'un carré et la longueur du côté de ce carré est de 5 centimètres. On demande de construire ce carré et d'évaluer sa surface, ainsi que celle des cercles inscrit et circonscrit.

92. — Démontrer que la figure qui a pour sommets les milieux des côtés d'un quadrilatère, est un parallélogramme.

93. — Tracer une circonférence de 3 centimètres de rayon, et construire un hexagone régulier, dont les côtés soient tangents à cette circonférence.

94. — Tracer au moyen de la règle et du compas un angle qui soit égal à 3 fois la moitié d'un angle droit.

95. — Construire sur une droite de 2 centimètres un polygone régulier de 8 côtés.

# COMPLÉMENT D'ALGÈBRE.

CALCUL DES RADICAUX.

1. — *Quantités irrationnelles.*

Lorsqu'un nombre entier n'est pas un carré parfait, sa racine carrée ne peut être exprimée ni par un nombre entier, ni par un nombre fractionnaire. (Voir notre *Cours d'arithmétique*, page 303, n° 254.) Une quantité telle que $\sqrt{3}$ est une quantité *irrationnelle.*

Dans les calculs des quantités irrationnélles, nous aurons à nous servir des principes suivants, démontrés en arithmétique :

Principe I. — *Le produit de plusieurs facteurs ne change pas lorsqu'on intervertit l'ordre de ces facteurs.*

Principe II. — *Multiplier une quantité par le produit effectué de plusieurs facteurs, revient à multiplier cette quantité par le premier facteur, puis le résultat obtenu par le second, le nouveau résultat par le 3ᵉ, etc.*

Ainsi, $4 \times (\sqrt{2} \times \sqrt{5}) = 4 \times \sqrt{2} \times \sqrt{5}$.

A ces deux principes, il faut ajouter le suivant, que nous allons démontrer :

Principe III. — *La racine carrée du produit de plusieurs quantités est égale au produit des racines carrées de ces quantités.*

Je vais démontrer que $\sqrt{a \times b \times c \times d} = \sqrt{a} \times \sqrt{b} \times \sqrt{c} \times \sqrt{d}$. En effet, le premier membre de cette égalité élevé au carré donne $a \times b \times c \times d$.

Voyons ce que donne le second.

Nous aurons, en élevant le second membre au carré :

$$(\sqrt{a} \times \sqrt{b} \times \sqrt{c} \times \sqrt{d}) \times (\sqrt{a} \times \sqrt{b} \times \sqrt{c} \times \sqrt{d}),$$

ou bien :

$$\sqrt{a} \times \sqrt{b} \times \sqrt{c} \times \sqrt{d} \times \sqrt{a} \times \sqrt{b} \times \sqrt{c} \times \sqrt{d},$$

ou bien encore :

$$\sqrt{a} \times \sqrt{a} \times \sqrt{b} \times \sqrt{b} \times \sqrt{c} \times \sqrt{c} \times \sqrt{d} \times \sqrt{d},$$

ou enfin :

$$a \times b \times c \times d.$$

Ainsi, le second membre élevé au carré donne le même résultat que le premier élevé au carré; on en conclut que

$$\sqrt{a \times b \times c \times d} = \sqrt{a} \times \sqrt{b} \times \sqrt{c} \times \sqrt{d}.$$

C. q. f. d.

---

### 2. — *Simplification des radicaux.*

Soit à simplifier la quantité $\sqrt{75\, a^3\, b^4\, x}$.

Je décompose la quantité placée sous le radical en deux facteurs dont l'un soit un carré parfait;

j'obtiens :

$$\sqrt{25\, a^2\, b^4} \times 3\, ax,$$

ou bien :

$$\sqrt{25\, a^2\, b^4} \times \sqrt{3\, ax},$$

ou enfin :

$$5\, a\, b^2 \sqrt{3\, ax}.$$

Soit encore à simplifier la quantité $\sqrt{108\, a\, b^4\, x^2}$.

J'obtiens successivement :

$$\sqrt{36\, b^4\, x^2} \times 3\, ab,$$
$$\sqrt{36\, b^4\, x^2} \times \sqrt{3\, ab},$$
$$6\, b^2\, x \sqrt{3\, ab}.$$

---

### *Exercices.*

Simplifier les radicaux suivants :

1° $\sqrt{363\, a^3\, b^3\, x^4}$ . . . . . . . . . Réponse : $11\, a\, b\, x^2 \sqrt{3\, ab}$.

2° $\sqrt{864\, a^4\, b^2\, x^3}$ . . . . . . . . .   —    $12\, a^2\, b\, x \sqrt{6\, ax}$.

3° $\sqrt{245\, a^4\, b^3}$ . . . . . . . . .   —    $7\, a^2\, b \sqrt{5\, ab}$.

4° $\sqrt{192\, a^3\, b^2\, x^4}$ . . . . . . . . .   —    $8\, ab\, x^2 \sqrt{3\, a}$.

5° $\sqrt{675\, a^2\, b^2\, c^2}$ . . . . . . . . .   —    $15\, abc \sqrt{3\, ab}$.

6° $\sqrt{720\, a^3\, b^3\, x^5}$ . . . . . . . . .   —    $12\, ab\, x^2 \sqrt{5\, ab\, x}$.

7° $\sqrt{243\, a^7\, b^4\, x^3}$ . . . . . . . . .   —    $9\, a^3\, b^2\, x \sqrt{3\, ax}$.

REMARQUE. — On nomme quantités irrationnelles *semblables* celles qui, après avoir été simplifiées, présentent la même quantité sous le radical. Telles sont les quantités :

$$6\,b^2\,x\,\sqrt{3\,ab}\ \text{ et }\ 11\,ab\,x^2\,\sqrt{3\,ab}.$$

---

3. — On peut avoir, dans certains calculs, intérêt à faire passer sous le radical un facteur placé devant.

Soit $a\,\sqrt{b}$.

On sait que $a = \sqrt{a^2}$.

Nous aurons donc $a\,\sqrt{b} = \sqrt{a^2} \times \sqrt{b} = \sqrt{a^2\,b}$.

Soit pour 2ᵉ exemple $3\,a^2\,b\,\sqrt{4\,a}$.

Nous aurons : $3\,a^2\,b = \sqrt{9\,a^4\,b^2}$,

d'où $3\,a^2\,b\,\sqrt{4\,a} = \sqrt{9\,a^4\,b^2} \times \sqrt{4\,a} = \sqrt{36\,a^5\,b^2}$.

Soit pour 3ᵉ exemple : $5\,a^2\,b^2\,x\,\sqrt{2\,a\,b}$.

Nous aurons : $5\,a^2\,b^2\,x = \sqrt{25\,a^4\,b^4\,x^2}$,

d'où $5\,a^2\,b^2\,x\,\sqrt{2\,ab} = \sqrt{25\,a^4\,b^4\,x^2} \times \sqrt{2\,ab} = \sqrt{50\,a^5\,b^5\,x^2}$.

---

## Exercices.

| | | |
|---|---|---|
| 1° $38\,a^2\,b\,\sqrt{4\,c\,x}$ . . . . . . . . . | Réponse : | $\sqrt{5\,776\,a^4\,b^2\,c\,x}$. |
| 2° $42\,a^3\,b^2\,\sqrt{5\,c\,x}$ . . . . . . . . | — | $\sqrt{8\,820\,a^6\,b^4\,c\,x}$. |
| 3° $35\,a^2\,b\,x\,\sqrt{3\,c}$ . . . . . . . . . | — | $\sqrt{3\,675\,a^4\,b^2\,c\,x^2}$. |
| 4° $12\,a^3\,b^4\,x^2\,\sqrt{5\,x}$ . . . . . . . | — | $\sqrt{720\,a^6\,b^8\,x^3}$. |
| 5° $14\,a^5\,b\,x\,\sqrt{7\,c}$ . . . . . . . . . | — | $\sqrt{1\,372\,a^4\,b^2\,c\,x^2}$. |
| 6° $15\,a^3\,b\,\sqrt{19\,c\,x}$ . . . . . . . . | — | $\sqrt{4\,275\,a^6\,b^2\,c\,x}$. |

4. — *Addition et soustraction des radicaux.*

L'addition et la soustraction ne peuvent que s'indiquer si les radicaux sont dissemblables.

Soient les quantités $\sqrt{a}$ et $\sqrt{b}$.

Leur somme sera $\sqrt{a} + \sqrt{b}$.

Leur différence sera $\sqrt{a} - \sqrt{b}$.

Si les radicaux sont semblables, on opère l'addition et la soustraction des facteurs placés devant le radical, et on multiplie le résultat obtenu par le radical commun.

Soient les deux quantités :

$$\sqrt{108\ a\ b^3\ x^2} \text{ et } \sqrt{363\ a^3\ b^3\ x^4}.$$

Simplifions-les; nous obtiendrons :

$$6\ b^2\ x\ \sqrt{3\ ab} \text{ et } 11\ ab\ x^2\ \sqrt{3\ ab}.$$

Leur somme sera : $(6\ b^2\ x + 11\ ab\ x^2)\ \sqrt{3\ a\ b}$.

Leur différence : $(6\ b^2\ x - 11\ ab\ x^2)\ \sqrt{3\ a\ b}$.

---

Il arrive souvent que l'addition et la soustraction sont combinées.

Exemple : $6\ \sqrt{2} - 5\ \sqrt{2} + \dfrac{3}{4}\ \sqrt{2} - \dfrac{1}{2}\ \sqrt{2}$.

Réduisons tout au même dénominateur 4; nous aurons :

$$\frac{24}{4}\ \sqrt{2} - \frac{20}{4}\ \sqrt{2} + \frac{3}{4}\ \sqrt{2} - \frac{2}{4}\ \sqrt{2};$$

ou bien
$$\left(\frac{24}{4} - \frac{20}{4} + \frac{3}{4} - \frac{2}{4}\right)\ \sqrt{2};$$

ou enfin
$$\frac{5}{4}\ \sqrt{2}.$$

---

Soit encore pour exemple :

$$\sqrt{45\ b^3} - \sqrt{180\ b^3} + \sqrt{5\ a^2\ b}.$$

Nous aurons d'abord, en simplifiant :

$$\sqrt{9\ b^4 \times 5b} - \sqrt{36\ b^4 \times 5b} + \sqrt{a^2 \times 5b};$$

ou encore $\sqrt{9\ b^4} \times \sqrt{5b} - \sqrt{36\ b^4} \times \sqrt{5b} + \sqrt{a^2} \times \sqrt{5b};$

ou bien $\qquad 3\ b^2\ \sqrt{5b} - 6\ b^2\ \sqrt{5b} + a\ \sqrt{5b};$

ou bien $\qquad (3b^2 - 6\ b^2 + a^2)\ \sqrt{5b};$

ou enfin $\qquad (a^2 - 3b^2)\ \sqrt{5b}.$

---

*Exercices sur l'addition et la soustraction.*

1° $\sqrt{24} + \sqrt{54} - \sqrt{6}$ . . . . . . . . . . . Réponse : $4\ \sqrt{6}$.

2° $2\ \sqrt{8} - 7\ \sqrt{18} + 5\ \sqrt{72} - \sqrt{50}$ . . . —     $8\ \sqrt{2}$.

$3°\ \sqrt{45\,c^3} - \sqrt{80\,c^3} + \sqrt{5\,a^2\,c}\ \dots\ $ Réponse : $(a-c)\sqrt{5c}.$

$4°\ 8\sqrt{\dfrac{3}{4}} - \dfrac{1}{2}\sqrt{12} + 4\sqrt{27} - 2\sqrt{\dfrac{3}{16}}\qquad -\qquad \dfrac{29}{2}\sqrt{3}.$

$5°\ \sqrt{12} + 2\sqrt{27} + 3\sqrt{75} - 9\sqrt{48}\ \dots\qquad -\qquad -13\sqrt{3}.$

---

## 5. — *Multiplication des radicaux.*

Il peut arriver que le produit soit susceptible de se simplifier, ou même qu'il soit rationnel.

Soit à multiplier $\sqrt{3\,a}$ par $\sqrt{5\,b}$.

Nous aurons : $\sqrt{3\,a} \times \sqrt{5b} = \sqrt{3\,a \times 5b} = \sqrt{15\,a\,b}.$

Soit $\sqrt{5\,a^3\,b} \times \sqrt{15\,a\,b^2\,x}.$

Nous aurons pour produit : $\sqrt{75\,a^4\,b^3\,x}.$

En simplifiant, il vient : $5\,a^2\,b\,\sqrt{3\,b\,x}.$

Soit encore $\sqrt{2\,a^3\,x} \times \sqrt{18\,a\,b^4\,x^5}.$

Le produit est $\sqrt{36\,a^4\,b^4\,x^6}.$

Comme la quantité placée sous le radical est un carré parfait, nous aurons, en extrayant la racine :

$$6\,a^2\,b^2\,x^3.$$

---

### *Exercices sur la multiplication.*

$1°\ \sqrt{3\,a^3\,x} \times \sqrt{5\,ax^3}\ \dots\dots\ $ Réponse : $a^2\,x\,\sqrt{15\,x}.$

$2°\ \sqrt{12\,a^5\,x^3} \times \sqrt{3\,a^4\,x}\ \dots\dots\qquad -\qquad 6\,a^4\,x^2\,\sqrt{a}.$

$3°\ \sqrt{15\,a^3\,x} \times \sqrt{5\,a\,x^3}\ \dots\dots\qquad -\qquad 5\,a^2\,x\,\sqrt{3\,x}.$

$4°\ \sqrt{32\,a^4\,x^2} \times \sqrt{2\,a^5\,x}\ \dots\dots\qquad -\qquad 8\,a^4\,x\,\sqrt{ax}.$

$5°\ \sqrt{40\,a\,b} \times \sqrt{15\,a^3\,x}\ \dots\dots\qquad -\qquad 10\,a^2\,\sqrt{6\,b\,x}.$

$6°\ \sqrt{18\,a^3\,b\,x^3} \times \sqrt{6\,a^2\,b\,x^5}\ \dots\qquad -\qquad 6\,a^2\,b\,x^4\,\sqrt{3\,a}.$

$7°\ \sqrt{25\,a^3\,b} \times \sqrt{3\,a^4\,b^2}\ \dots\dots\qquad -\qquad 5\,a^3\,b\,\sqrt{3\,a\,b}.$

6. — Nous ne nous sommes occupés jusqu'à présent que du cas où le multiplicande et le multiplicateur sont des monômes. Mais il peut arriver que les facteurs donnés soient des polynômes.

Exemple : Soit à multiplier $(3 + \sqrt{5})$ par $(2 - \sqrt{5})$.

Nous effectuons en observant les règles de la multiplication algébrique.

$$
\begin{aligned}
\text{Multiplicande} &\ldots\ldots\ldots\ 3 + \sqrt{5} \\
\text{Multiplicateur} &\ldots\ldots\ 2 - \sqrt{5} \\
\text{1}^{\text{er}}\ \text{produit partiel} &\ldots\ 6 + 2\sqrt{5} \\
\text{2}^{\text{e}}\ \text{produit partiel} &\ldots\ \ \ -3\sqrt{5} - 5 \\
\text{Produit total} &\ldots\ 6 - \sqrt{5} - 5,\ \text{c.-à-d. } 1 - \sqrt{5}.
\end{aligned}
$$

Autre exemple :

$$
\begin{aligned}
5\sqrt{14} &+ 3\sqrt{5} \\
7\sqrt{14} &- 2\sqrt{5} \\
\hline
490\ \ &+ 21\sqrt{70} \\
&- 10\sqrt{70} - 30 \\
\hline
490\ \ &+ 11\sqrt{70} - 30. \\
\text{ou } 460\ \ &+ 11\sqrt{70}\ \ (\text{produit demandé}).
\end{aligned}
$$

### Exercices.

1° $(7 + 2\sqrt{6}) \times (9 - 5\sqrt{6})$ .......... Rép. : $3 - 17\sqrt{6}$.

2° $(6 + 12\sqrt{7}) \times (3 - 5\sqrt{7})$ .........    $6\sqrt{7} - 402$.

3° $(9\sqrt{12} + 3) \times (5\sqrt{12} + 8)$ .........    $564 + 174\sqrt{3}$.

4° $(9 + 2\sqrt{10}) \times (9 - 2\sqrt{10})$ .......    $41$.

5° $(\sqrt{2} + \sqrt{3}) \times (2\sqrt{2} - \sqrt{3})$ .........    $1 + \sqrt{6}$.

6° $(5\sqrt{3} - 7\sqrt{6}) \times (2\sqrt{8} - 3)$ .......    $44\sqrt{6} - 71\sqrt{3}$.

7° $(2\sqrt{8} + 3\sqrt{5} - 7\sqrt{2}) \times (\sqrt{72} - 5\sqrt{20} - 2\sqrt{2})$    $42\sqrt{10} - 174$.

8° $(a + \sqrt{b}) \times (a - \sqrt{b})$ .............    $a^2 - b$.

9° $(\sqrt{a} + \sqrt{b}) \times (\sqrt{a} - \sqrt{b})$ .........    $a - b$.

**7. — Division des radicaux.**

Soit à diviser $\sqrt{a}$ par $\sqrt{b}$.

Nous aurons :

$$
\frac{\sqrt{a}}{\sqrt{b}} \quad \text{ou} \quad \sqrt{\frac{a}{b}}.
$$

Il peut arriver que le quotient soit susceptible de se simplifier, ou même qu'il soit rationnel.

En effet, soit à diviser $\sqrt{15\,a^3\,b\,x^2}$ par $\sqrt{10\,a\,b^2\,x^3}$. s aurons pour quotient :

$$
\frac{\sqrt{15\,a^3\,b\,x^2}}{\sqrt{10\,ab^2\,x^3}} \quad \text{ou} \quad \sqrt{\frac{15\,a^3\,b\,x^2}{10\,a\,b^2\,x^3}} \quad \text{ou, en simplifiant,}
$$

$$\sqrt{\dfrac{3\ a^2}{2\ b\ x}}.$$

Soit pour 3ᵉ exemple, à diviser $\sqrt{21\ a\ b^3\ x}$ par $\sqrt{12\ a^3\ x^3}$. Nous aurons :

$$\dfrac{\sqrt{21\ a\ b^3\ x}}{\sqrt{12\ a^3\ x^3}},\ \text{ou}\ \sqrt{\dfrac{21\ a\ b^3\ x}{12\ a^3\ x^3}},\ \text{ou}\ \sqrt{\dfrac{7\ b^3}{4\ a^2\ x^2}},\ \text{ou enfin}\ \dfrac{b\ \sqrt{7b}}{2\ ax}$$

Enfin, soit à diviser $\sqrt{18\ a^3\ b\ x^4}$ par $\sqrt{8\ a\ b^3\ x^2}$. Nous aurons :

$$\sqrt{\dfrac{18\ a^3\ b\ x^4}{8\ a\ b^3\ x^2}} = \sqrt{\dfrac{9\ a^2\ x^2}{4\ b^2}} = \dfrac{3\ ax}{2\ b}.$$

*Exercices sur la division.*

1° $\sqrt{15\ a^3\ b^2} : \sqrt{3\ a^2\ b^2}$ ..........    Réponse : 5 a.

2° $\sqrt{25\ a^3\ b^2} : \sqrt{30\ a^3\ b}$ .........    —    $\sqrt{\dfrac{5\ b}{6}}$ .

3° $\sqrt{160\ b^2\ c} : \sqrt{16\ b\ c^2}$ .........    —    $\sqrt{\dfrac{10\ b}{c}}$ .

4° $\sqrt{125\ b^3\ c\ x} : \sqrt{25\ b^2\ c\ x}$ ......    —    $\sqrt{5\ b}$.

5° $\sqrt{360\ b^2\ x^2} : \sqrt{90\ a\ b^2\ x}$ ........    —    $\sqrt{\dfrac{4\ x}{a}}$

---

8. — *Transformations à faire subir aux expressions où se trouvent des radicaux.*

Lorsqu'une fraction algébrique contient des radicaux à son dénominateur, on peut les faire passer à son numérateur.

$$\text{Soit l'expression } \dfrac{a}{b\ \sqrt{x}}.$$

Pour faire disparaître le radical du dénominateur, il suffit de multiplier ce dénominateur par $\sqrt{x}$; mais, pour que la fraction ne change pas de valeur, il faut aussi multiplier le numérateur par cette même quantité $\sqrt{x}$ : nous aurons donc :

$$\dfrac{a\ \sqrt{x}}{bx}.$$

Soit pour 2ᵉ exemple : $\dfrac{9}{2\sqrt{3}}.$

Multiplions le numérateur et le dénominateur par $\sqrt{3}$, il vient $\dfrac{9\sqrt{3}}{6}$, ou, en simplifiant, $\dfrac{3\sqrt{3}}{2}$.

Soit pour 3ᵉ exemple $\dfrac{a}{b + m\sqrt{c}}$.

Multiplions les deux termes de cette fraction par $b - m\sqrt{c}$, il vient $\dfrac{a\,(b - m\sqrt{c})}{b^2 - m^2\,c}$.

Soit pour 4ᵉ exemple : $\dfrac{5}{4 + 2\sqrt{3}}$.

Multiplions les deux termes par $4 - 2\sqrt{3}$; il vient, après avoir simplifié : $\dfrac{5\,(2 - \sqrt{3})}{2}$.

Soit pour 5ᵉ exemple : $\dfrac{9}{3\sqrt{2} - 2\sqrt{3}}$.

Multiplions les deux termes par $3\sqrt{2} + 2\sqrt{3}$, il vient après avoir simplifié, $\dfrac{3\,(3\sqrt{2} + 2\sqrt{3})}{2}$.

Soit pour 6ᵉ exemple : $\dfrac{\dfrac{3}{4}\sqrt{\dfrac{5}{6}}}{\sqrt{\dfrac{1}{2}} - 2}$.

Cette expression peut se mettre sous la forme $\dfrac{\dfrac{3\sqrt{5}}{4\sqrt{6}}}{\dfrac{1}{\sqrt{2}} - 2}$;

ou encore :

$$\dfrac{\dfrac{3\sqrt{5}}{4\sqrt{6}}}{\dfrac{1 - 2\sqrt{2}}{\sqrt{2}}}.$$

Effectuons la division de $\dfrac{3\sqrt{5}}{4\sqrt{6}}$ par $\dfrac{1 - 2\sqrt{2}}{\sqrt{2}}$;

il vient : $\dfrac{3\sqrt{5} \times \sqrt{2}}{4\sqrt{6}\,(1 - 2\sqrt{2})} = \dfrac{3\sqrt{10}}{4\sqrt{6} - 8\sqrt{12}}$;

Multiplions les deux termes de la dernière fraction par $4\sqrt{6} + 8\sqrt{12}$; il vient :

$$\frac{12\sqrt{60} + 24\sqrt{120}}{96 - 768} = \frac{24\sqrt{15} + 48\sqrt{30}}{-672} = -\frac{\sqrt{15} + 2\sqrt{30}}{28}.$$

Soit pour 7e exemple : $\dfrac{3 + 4\sqrt{3}}{\sqrt{6} + \sqrt{2} - \sqrt{5}}$.

Je multiplie les deux termes par $\sqrt{6} - \sqrt{2} + \sqrt{5}$;

il vient : $\dfrac{3\sqrt{5} + 9\sqrt{2} + 4\sqrt{15} - \sqrt{6}}{2\sqrt{10} - 1}$.

Je multiplie ensuite les deux termes de cette dernière fraction par $2\sqrt{10} + 1$;

il vient :

$$\frac{6\sqrt{50} + 18\sqrt{20} + 3\sqrt{5} + 9\sqrt{2} + 8\sqrt{150} - 2\sqrt{60} + 4\sqrt{15} - \sqrt{6}}{39}.$$

ou, en simplifiant :

$$\frac{30\sqrt{2} + 36\sqrt{5} + 3\sqrt{5} + 9\sqrt{2} + 40\sqrt{6} - 4\sqrt{15} + 4\sqrt{15} - \sqrt{6}}{39}.$$

ou encore :

$$\frac{39\sqrt{2} + 39\sqrt{5} + 39\sqrt{6}}{39}.$$

ou enfin : $\sqrt{2} + \sqrt{5} + \sqrt{6}$.

---

*Exercices.*

1° $\dfrac{\sqrt{72} + \sqrt{32} - 4}{\sqrt{8}}$ . . . . . . Réponse : $5 - \sqrt{2}$.

2° $\dfrac{2\sqrt{32} + 3\sqrt{2} + 4}{4\sqrt{8}}$ . . . . .  —  $\dfrac{11}{8} + \dfrac{1}{4}\sqrt{2}$.

3° $\dfrac{1}{2 + \sqrt{3}}$ . . . . . . . . . . . .  —  $2 - \sqrt{3}$.

4° $\dfrac{12}{5 - \sqrt{21}}$ . . . . . . . . . . .  —  $15 + 3\sqrt{21}$.

5° $\dfrac{7}{\sqrt{8} - 2}$ . . . . . . . . . . . .  —  $\dfrac{7}{2}(1 + \sqrt{2})$.

$$6° \quad \dfrac{\frac{1}{2}\sqrt{\frac{1}{2}}}{\sqrt{2}+3\sqrt{\frac{1}{2}}} \ldots\ldots\ldots \quad — \quad \frac{1}{10}.$$

$$7° \quad \dfrac{1+\sqrt{2}}{2-\sqrt{2}} \ldots\ldots\ldots\ldots \quad — \quad 2+\frac{3}{2}\sqrt{2}.$$

$$8° \quad \dfrac{5-7\sqrt{3}}{1+\sqrt{3}} \ldots\ldots\ldots\ldots \quad — \quad 6\sqrt{3}-13.$$

$$9° \quad \dfrac{\sqrt{3}+\sqrt{2}}{\sqrt{3}-\sqrt{2}} \ldots\ldots\ldots\ldots \quad — \quad 5+2\sqrt{6}.$$

$$10° \quad \dfrac{1}{\sqrt{2}+\sqrt{3}-\sqrt{5}} \ldots\ldots \quad — \quad \frac{\sqrt{30}}{12}+\frac{\sqrt{2}}{4}+\frac{\sqrt{3}}{6}.$$

$$11° \quad \dfrac{156+12\sqrt{11}}{6+14\sqrt{2}-2\sqrt{11}} \ldots \quad — \quad 7\sqrt{2}+\sqrt{11}-3.$$

$$12° \quad \dfrac{\sqrt{1-x}+\sqrt{1+x}}{1+\sqrt{1-x^2}} \ldots\ldots \quad — \quad \sqrt{1-x}.$$

---

DE LA RÉSOLUTION DES ÉQUATIONS DU $2^e$ DEGRÉ.

9. — Une équation à une seule inconnue est dite du $2^e$ degré, lorsque, après avoir fait disparaître les dénominateurs, et fait toutes les simplifications possibles, elle renferme un ou plusieurs termes où l'inconnue entre à la $2^e$ puissance.

Ainsi, $x^2 = 25$ est une équation du $2^e$ degré. Dans une équation semblable, l'inconnue admet deux valeurs. En effet, on peut poser $x = 5$ ou bien $x = -5$. Je dis que ces deux valeurs satisfont à l'énoncé. En effet, en élevant au carré la valeur de $x$, nous devons retrouver 25.

Or, $+5$ élevé au carré, donne 25,

et $-5$ élevé au carré, donne 25.

Donc les deux valeurs satisfont, et on peut écrire :

$$x = \pm\sqrt{25} = \pm 5.$$

Il est donc bien entendu que, dans une équation du second degré, l'inconnue aura toujours deux valeurs.

---

10. — Généralement, lorsqu'on aura fait disparaître les dénominateurs, et fait les simplifications possibles, une équation du second degré ne contiendra que trois espèces de termes, des termes en $x^2$, des termes en x et des termes indépendants de x. Si l'on fait passer tous les termes dans le premier membre, qu'on mette $x^2$ en facteur commun parmi ceux qui le contiennent, et qu'on en fasse autant pour x, l'équation aura la forme générale :

$$ax^2 + bx + c = 0,$$

dans laquelle $a$, $b$, $c$, peuvent être des quantités quelconques.

Voilà pourquoi on dit généralement que *toute équation du second degré peut être ramenée à la forme :*

$$ax^2 + bx + c = 0.$$

Je divise partout par a.
Il vient :

$$x^2 + \frac{b}{a}x + \frac{c}{a} = 0 \ (1).$$

Je fais $\frac{b}{a} = p$, et $\frac{c}{a} = q$ ; l'équation (1) devient :

$$x^2 + px + q = 0.$$

Résolvons maintenant cette équation.
En faisant passer q dans le second membre, il vient :

$$x^2 + px = -q \ (2).$$

Or $(x^2 + px)$ est un carré *incomplet*. (Il faut se rappeler ici que le carré d'un nombre formé de dizaines et d'unités renferme : *le carré des dizaines, plus le double produit des dizaines par les unités, plus le carré des unités.*)

$x^2$ est le carré des dizaines ; par conséquent x représente les *dizaines.*

px est le double produit des dizaines par les unités ; il nous manque donc le *carré des unités.*

Cherchons-le. Je représente les unités par u.

Je sais que

*Deux fois les dizaines multipliées par* $u = px$; or, les dizaines sont représentées par $x$; je puis donc écrire :

$$2\,x \times u = px,$$

$$\text{d'où} \quad u = \frac{px}{2x} = \frac{p}{2}.$$

Ainsi les *unités* sont représentées par $\frac{p}{2}$; donc le *carré des unités* sera $\frac{p^2}{4}$.

Remontant à l'équation (2), nous pouvons maintenant *compléter* notre carré, ce qui se fera en ajoutant au premier membre la quantité

$$\frac{p^2}{4}.$$

Mais, si on ajoute cette quantité au premier membre, il faut, pour que l'égalité subsiste, l'ajouter aussi au second membre. Il vient :

$$x^2 + px + \frac{p^2}{4} = \frac{p^2}{4} - q.$$

Or, le premier membre de cette dernière égalité peut être mis sous une autre forme; nous avons dit en effet que c'est le carré d'une quantité formée de dizaines et d'unités, et nous savons que les dizaines sont représentées par $x$ et les unités par $\frac{p}{2}$. Nous aurons donc :

$$\left(x + \frac{p}{2}\right)^2 = \frac{p^2}{4} - q.$$

Extrayant la racine, il vient :

$$x + \frac{p}{2} = \pm \sqrt{\frac{p^2}{4} - q};$$

et, en faisant passer $\frac{p}{2}$ dans le second membre,

$$x = -\frac{p}{2} \pm \sqrt{\frac{p^2}{4} - q}.$$

Donc, *dans toute équation du second degré de la forme* $x^2 + px$ $+ q = o$, *l'inconnue est égale à la moitié du coefficient de la première puissance de x pris en signe contraire, plus ou moins la racine carrée du carré de cette moitié suivi du terme indépendant de x avec le signe qu'il aurait dans le second membre.*

Faisons quelques applications de cette formule.

$$\text{Soit l'équation } x^2 - 14x = -40.$$

Faisons passer $-40$ dans le premier membre; nous aurons :

$$x^2 - 14x + 40 = o.$$

Voilà certainement une équation de la forme

$$x^2 + px + q = o.$$

Appliquons la formule trouvée précédemment, et nous aurons :

$$x = 7 \pm \sqrt{49 - 40}, \text{ ou}$$

$x = 7 \pm 3$, ce qui donne évidemment deux valeurs pour x.

$$\text{On aura } x = 7 + 3 = 10,$$
$$\text{ou bien } x = 7 - 3 = 4.$$

$$\text{Soit encore l'équation } x^2 + 6x = -8.$$

Nous aurons : $x^2 + 6x + 8 = o.$

$$\text{d'où } x = -3 \pm \sqrt{9 - 8},$$
$$x = -3 \pm 1.$$

Les deux valeurs de x seront : $x = -3 + 1 = -2,$
$$\text{ou bien } x = -3 - 1 = -4.$$

---

## Exercices.

| | | |
|---|---|---|
| 1° $x^2 - 5x + 6 = 0$.... | Réponse : | $x = 3$ ou 2. |
| 2° $x^2 - 7x = -10$..... | — | $x = 5$ ou 2. |
| 3° $x^2 + 4x - 12 = 0$.... | — | $x = 2$ ou $-6$. |
| 4° $x^2 - 3x - 4 = 0$.... | — | $x = 4$ ou $-1$. |
| 5° $x^2 - 10x + 9 = 0$... | — | $x = 9$ ou 1. |
| 6° $x^2 + 6x = 27$....... | — | $x = 3$ ou $-9$. |
| 7° $x^2 - 8x = 14$........ | — | $x = 9,47$ ou $-1,47$. |
| 8° $x^2 - 4x = 30$........ | — | $x = 7,83$ ou $-3,83$. |

**11.** — Dans le numéro précédent, nous sommes partis de l'équation générale

$$ax^2 + bx + c = 0.$$

En divisant par a, nous sommes arrivés à l'équation

$$x^2 + px + q = 0,$$

et c'est cette dernière que nous avons résolue.

Mais il est nécessaire de savoir résoudre l'équation $ax^2 + bx + c = 0$, sans être obligé de diviser par a.

Pour cela, reprenons la formule trouvée au numéro précédent :

$$x = -\frac{p}{2} \pm \sqrt{\frac{p^2}{4} - q}.$$

Remplaçons $p$ et $q$ par leur valeur $\dfrac{b}{a}$ et $\dfrac{c}{a}$. Il vient :

$$x = -\frac{b}{2a} \pm \sqrt{\frac{b^2}{4a^2} - \frac{c}{a}},$$

ou, en simplifiant,

$$x = -\frac{b}{2a} \pm \sqrt{\frac{b^2 - 4ac}{4a^2}},$$

$$x = -\frac{b}{2a} \pm \frac{\sqrt{b^2 - 4ac}}{2a},$$

$$x = \frac{-b \pm \sqrt{b^2 - 4ac}}{2a}.$$

Donc, *dans toute équation du second degré de la forme $ax^2 + bx + c = 0$, l'inconnue est égale au coefficient de la première puissance de x pris en signe contraire, plus ou moins la racine carrée du carré de ce coefficient diminué de 4 fois le coefficient de $x^2$ multiplié par le terme indépendant de x, le tout divisé par le double du coefficient de $x^2$.*

### Applications.

Soit l'équation : $3x^2 - 5x - 2 = 0$.

$$x = \frac{5 \pm \sqrt{25 + 24}}{6},$$

ou, en effectuant, $x = \dfrac{5 \pm 7}{6}$ ; de là, les deux valeurs de x, savoir :

$$x = \frac{5 + 7}{6} = 2,$$

$$\text{et } x = \frac{5 - 7}{6} = -\frac{1}{3},$$

Soit encore l'équation $x^2 - 7x + \dfrac{13}{4} = 0,$

Réduisons au même dénominateur, il vient :

$$4x^2 - 28x + 13 = 0,$$

d'où nous tirons :

$$x = \frac{28 \pm \sqrt{784 - 208}}{8},$$

$$x = \frac{28 \pm 24}{8} = 6\frac{1}{2} \text{ ou bien } \frac{1}{2}.$$

Soit encore l'équation :

$$\frac{48}{x + 3} + 5 = \frac{165}{x + 10}.$$

Réduisons au même dénominateur. Il vient :

$$48x + 480 + 5x^2 + 65x + 150 = 165x + 495,$$

où, en simplifiant,

$$113x + 5x^2 + 630 = 165x + 495,$$

ou encore :

$$5x^2 - 52x + 135 = 0,$$

$$\text{d'où } x = \frac{52 \pm \sqrt{2704 - 2700}}{10}.$$

Effectuant, on trouve

$$x = 5\frac{2}{5} \text{ ou bien } x = 5.$$

---

### Exercices.

$1^\circ$   $5x^2 - 6x + 1 = 0$ ............ Rép. : $x = 1$ ou $\dfrac{1}{5}$.

$2° \; x^2 - \dfrac{23\,x}{4} = 18$ ............. Rép. : $x = 8$ ou $-2\dfrac{1}{4}$,

$3° \; 3\,x^2 - 2\,x = 65$ ................ $x = 5$ ou $-4\dfrac{1}{3}$.

$4° \; 15\,x^2 + 6384 = 622\,x$ .............. $x = 22\dfrac{4}{5}$ ou $18\dfrac{2}{3}$.

$5° \; 9\dfrac{3}{5}\,x - 21\dfrac{15}{16} = x^2$ ................ $x = 5\dfrac{17}{20}$ ou $3\dfrac{3}{4}$.

$6° \; \dfrac{28\,x^2}{3} - \dfrac{271\,x}{3} + 195 = 0$ .......... $x = 6\dfrac{3}{7}$ ou $3\dfrac{1}{4}$.

$7° \; 118\,x - \dfrac{5\,x^2}{2} = 20$ ................ $x = 47{,}02$ ou $0{,}17$.

$8° \; \dfrac{x}{x + 60} = \dfrac{7}{3\,x - 5}$ ................ $x = 14$ ou $-10$.

$9° \; \dfrac{2\,x + 3}{10 - x} = \dfrac{2\,x}{25 - 3\,x} - \dfrac{13}{2}$ .......... $x = 13\dfrac{22}{31}$ ou $8$.

---

**12.** — *Relations entre les racines et les coefficients de l'équation du second degré* $x^2 + p\,x + q = 0$.

Reprenons la formule générale :

$$x = -\frac{p}{2} \pm \sqrt{\frac{p^2}{4} - q}.$$

Nous avons vu que $x$ a deux valeurs. Représentons la première par $x'$ et la seconde par $x''$.

Nous pourrons écrire, en prenant successivement les deux signes $+$ et $-$ placés devant le radical :

$$x' = -\frac{p}{2} + \sqrt{\frac{p^2}{4} - q} ; \quad (1)$$

$$x'' = -\frac{p}{2} - \sqrt{\frac{p^2}{4} - q}. \quad (2)$$

Les quantités $x'$ et $x''$, ou mieux, leurs valeurs, sont dites les deux *racines* de l'équation du second degré.

Voyons maintenant si l'on peut établir certaines relations entre ces deux racines et les coefficients de l'équation, c'est-à-dire p et q.

### Première relation.

Ajoutons membre à membre les équations (1) et (2). Il vient :

$$x' + x'' = -p.$$

Donc, *la somme des deux racines est égale au coefficient de la première puissance de x pris en signe contraire.*

### Deuxième relation.

Multiplions membre à membre les équations (1) et (2).

Le produit de $x'$ par $x''$ est $x'\,x''$.

Faisons l'autre produit. Voici la multiplication effectuée :

$$-\frac{p}{2} + \sqrt{\frac{p^2}{4} - q}$$
$$-\frac{p}{2} - \sqrt{\frac{p^2}{4} - q}$$
$$+\frac{p^2}{4} - \frac{p}{2}\sqrt{\frac{p^2}{4} - q}$$
$$+\frac{p}{2}\sqrt{\frac{p^2}{4} - q} - \left(\frac{p^2}{4} - q\right)$$
$$+\frac{p^2}{4} \dots\dots\dots\dots - \frac{p^2}{4} + q$$

ou q.

Par conséquent, $x'\,x'' = q$.

Donc, *le produit des deux racines est égal au terme indépendant de x avec le signe qu'il a dans le premier membre.*

---

13. — *Décomposition du trinôme du second degré $x^2 + px + q$ en facteurs du premier degré.*

Nous savons que $-p = x' + x''$, d'où $p = -x' - x''$.

Nous savons aussi que $q = x'\,x''$.

Dans le trinôme $x^2 + px + q$, remplaçons p et q par leurs valeurs, nous aurons :

$$x^2 + x\,(-x' - x'') + x'\,x'',$$

ou bien : $\qquad x^2 - x\,x' - x\,x'' + x'\,x''$,

ou enfin : $\qquad (x - x')\,(x - x'')$.

Donc, *le trinôme du second degré* $x^2 + px + q$ *peut être décomposé en deux facteurs du premier degré, formés de l'inconnue* $x$ *diminuée alternativement des deux racines.*

### Application.

Soit $x^2 - 14\,x + 40 = 0$.

Résolvant cette équation, on trouve $x' = 10$ et $x'' = 4$.

On aura $(x - 10)\,(x - 4) = x^2 - 14\,x + 40$.

---

14. — *Système d'équations du second degré à deux ou à plusieurs inconnues.*

On opère absolument comme pour les équations du premier degré.

Soient les deux équations :

$$y + 2\,x = 5 \ (1);$$
$$2\,y^2 - 3\,x^2 + 10\,x = 25 \ (2).$$

Je cherche la valeur de $y$ dans l'équation (1).

$$y = 5 - 2\,x, \ (3)$$

d'où $\qquad y^2 = (5 - 2\,x)^2 = 25 - 20\,x + 4\,x^2$.

Dans l'équation (2) je remplace $y^2$ par la valeur que je viens de lui trouver, et j'obtiens :

$$2\,(25 - 20\,x + 4\,x^2) - 3.x^2 + 10\,x = 25,$$

on, en simplifiant :

$$50 - 40\,x + 8\,x^2 - 3\,x^2 + 10\,x = 25;$$
$$5x^2 - 30\,x + 25 = 0.$$

D'où :

$$x = \frac{30 \pm \sqrt{900 - 500}}{10}.$$

$$x = \frac{30 \pm 20}{10} = 5 \text{ ou bien } 1.$$

Il est évident que, selon que l'on attribuera à $x$ la valeur 5 ou la valeur 1, la valeur de $y$ sera différente. Cela signifie que $y$ aura aussi deux valeurs.

En effet, faisons $x = 5$, nous aurons pour $y$ (voir l'équation (3)

$$y = 5 - 10 = -5.$$

Si nous faisons $x = 1$, nous aurons pour $y$ :

$$y = 5 - 2 = 3.$$

Donc, $\qquad x = 5$ pour $y = -5$

et $\qquad x = 1$ pour $y = 3$.

---

*Exercices.*

$1°$ $\begin{cases} x + y = 8 \\ xy = 15 \end{cases}$ ...... Rép. : $\begin{cases} x = 3 \text{ pour } y = 5. \\ x = 5 \text{ pour } y = 3. \end{cases}$

$2°$ $\begin{cases} y - x = 2 \\ xy = 15 \end{cases}$ ........ — $\begin{cases} x = 3 \text{ pour } y = 5. \\ x = -5 \text{ pour } y = -3. \end{cases}$

$3°$ $\begin{cases} x + y = 8 \\ x^2 + y^2 = 34 \end{cases}$ ..... — $\begin{cases} x = 5 \text{ pour } y = 3. \\ x = 3 \text{ pour } y = 5. \end{cases}$

$4°$ $\begin{cases} x + y = a \\ xy = b \end{cases}$ ........ — $\begin{cases} x = \dfrac{a \pm \sqrt{a^2 - 4b}}{2} \\ y = \dfrac{a \mp \sqrt{a^2 - 4b}}{2} \end{cases}$

$5°$ $\begin{cases} x + y = 36 \\ xy = 128 \end{cases}$ ....... — $\begin{cases} x = 4 \text{ pour } y = 32. \\ x = 32 \text{ pour } y = 4. \end{cases}$

$6°$ $\begin{cases} 2x + 3y = 118 \\ 5x^2 - 7y^2 = 4333 \end{cases}$ ... — $\begin{cases} x = 35 \text{ pour } y = 16. \\ x = -229\dfrac{6}{17} \text{ pour } y = 192\dfrac{4}{17}. \end{cases}$

$7°$ $\begin{cases} \dfrac{18x}{y} = \dfrac{8y}{x} \\ 3xy + 2x + y = 485 \end{cases}$ ... — $\begin{cases} x = 10 \text{ pour } y = 15 \\ x = -10\dfrac{7}{9} \text{ pour } y = -16\dfrac{1}{6}. \end{cases}$

15. — Problèmes sur les équations du deuxième degré.

Problème 1. — *La surface d'un rectangle est de 216 mètres carrés. Son périmètre égale 60 mètres. Quels sont les côtés de ce rectangle?*

### *Solution.*

Je représente la longueur par x et la largeur par y. L'énoncé du problème fournit les deux équations :

$$x\,y = 216\ (1)$$
$$2\,x + 2\,y = 60.\ (2)$$

Résolvons ces deux équations.

De l'équation (1), nous tirons

$$y = \frac{216}{x}.\ (3)$$

Dans l'équation (2), remplaçons y par sa valeur; il vient :

$$2\,x + 2\left(\frac{216}{x}\right) = 60;$$

ou bien :
$$2\,x + \frac{432}{x} = 60.$$

Reduisons au même dénominateur, et supprimons le dénominateur commun; il vient :

$$2\,x^2 + 432 = 60\,x.$$

Faisons passer 60 x dans le premier membre, nous aurons :

$$2\,x^2 - 60\,x + 432 = o.$$

Simplifions, en divisant partout par 2 ; il vient :

$$x^2 - 30\,x + 216 = 0.$$

Cette équation est de la forme $x^2 + px + q = o$.

Appliquons la formule trouvée au n° 10, et nous aurons :

$$x = 15 \pm \sqrt{225 - 216} = 15 \pm 3.$$

Prenons seulement le signe $+$; nous aurons $x = 18$.

Pour trouver la valeur de y, remontons à l'équation (3).

Nous avons :

$$y = \frac{216}{x} = \frac{216}{18} = 12.$$

La longueur du rectangle est donc 18 mètres et la largeur 12 mètres.

---

PROBLÈME II. — *La somme de deux nombres est 19 et leur produit 84. Quels sont ces deux nombres?*

*Solution.*

Je représente l'un des nombres par x; l'autre sera $19 - x$. Puisque le produit de ces deux nombres est 84, nous aurons l'équation :

$$x(19 - x) = 84.$$

Résolvons cette équation.

$$19x - x^2 = 84,$$
$$x^2 - 19x + 84 = 0,$$
$$x = \frac{19}{2} \pm \sqrt{\frac{361}{4} - 84},$$
$$x = \frac{19}{2} \pm \frac{\sqrt{25}}{2},$$
$$x = \frac{19}{2} \pm \frac{5}{2}.$$

Prenons le signe $+$; il vient $x = \frac{19}{2} + \frac{5}{2} = \frac{24}{2} = 12$. Ainsi l'un des nombres est 12;

l'autre sera $19 - 12 = 7$·

---

**Problème III.** — *La somme de deux nombres est 100; la somme de leurs carrés 5018. Quels sont ces deux nombres?*

*Solution.*

Je représente l'un des nombres par x; l'autre sera $(100 - x)$. Puisque la somme de leurs carrés est 5018, nous aurons l'équation :

$$x^2 + (100 - x)^2 = 5018.$$

Résolvant, on trouve que l'un des nombres est 53 et l'autre 47.

*Problèmes à résoudre.*

1° Partager 590 en deux parties dont le produit soit 80464.
Rép. 376 et 214.

2° La somme de deux nombres est 35 ; leur produit est 250. Quels sont ces deux nombres ?

Rép. 10 et 25.

3° La somme de deux nombres est 31 ; la somme de leurs cubes 8 029. Quels sont ces deux nombres ?

Rép. 18 et 13.

4° Trouver un triangle rectangle dont les trois côtés soient représentés par 3 nombres entiers consécutifs.

Rép. 3, 4, 5.

5° Trouver les trois côtés d'un triangle rectangle, sachant que la somme des côtés de ce triangle est 132, et que la somme de leurs carrés est 6 050.

Rép. 33, 44, 55.

6° Partager 17 en deux parties telles que le carré de la première surpasse de deux unités le double du carré de la seconde.

Rép. 10 et 7.

7° Trouver deux nombres tels que la somme de leurs carrés soit égale à 13 001, et la différence des mêmes carrés à 1 449.

Rép. 85 et 76.

8° Partager le nombre 195 en trois parties qui forment une progression géométrique, et dont la troisième surpasse la première de 120.

Rép. 15, 45 et 135.

9° Quels sont les deux nombres dont la somme, le produit et la différence de leurs carrés soient égaux.

$$\text{Rép. } \frac{1 \pm \sqrt{5}}{2} \text{ et } \frac{3 \pm \sqrt{5}}{2}.$$

10° On a placé un capital à 4 pour cent. Si l'on multiplie ce capital par les intérêts qu'il donne en 5 mois, on obtient $117\,041\frac{2}{3}$. Quel est ce capital ?

Rép. 2 650.

11° Trouver un nombre tel que son carré le surpasse de 1 190.

Rép. 35.

12° Quelle serait la base du système de numération dans lequel 536 serait représenté par 655?

Rép. 9.

13° La somme de deux nombres est 25 et celle de leurs racines carrées 7. Quels sont ces deux nombres?

Rép. 16 et 9.

14° Calculer les côtés d'un triangle rectangle, sachant que ces côtés sont en progression arithmétique dont la raison est a.

Rép. $x = 5a$ ; $y = 4a$; $z = 3a$.

15° Partager 25 en deux parties, telles que le double du carré de la première augmenté de 94 soit égal au triple du carré de la seconde.

Rép. 13 et 12.

16° En admettant qu'il faille 1 centimètre cube d'or pour dorer la surface latérale d'un cylindre ayant $0^m,75$ de hauteur et $0^m,2$ de rayon, on demande quelle sera l'épaisseur, supposée constante, de la couche d'or.

Rép. $0^c,000101$

17° Le volume d'un obélisque est égal à 128 mètres cubes, 102; cet obélisque a la forme d'un tronc de pyramide à bases carrées et parallèles, et le côté de la base inférieure est de $2^m,4$. On demande de calculer le côté de l'autre base, sachant que la hauteur de l'obélisque est de 48 mètres.

Rép. $0^m,72$.

18° Une personne qui a 120 000 francs de capital en a fait deux parts qu'elle a placées à deux taux différents; la première lui rapporte annuellement 3 600 francs; la seconde, qui est placée à un taux plus élevé de 1 franc, lui rapporte 1 500 francs. On demande quelles sont les deux parts et à quels taux elles ont été placées.

Rép. $\left\{\begin{array}{l} 90\,000. \\ 30\,000. \end{array}\right.$

19° Trouver les quatre termes d'une proportion, sachant que la raison est 2, que la somme des antécédents est 14, et que la somme des carrés des 4 termes est 125.

Rép. 8 : 4 :: 6 : 3.

### *Équation bicarrée.*

16. — Une équation *bicarrée* est une équation du $4^e$ degré qui ne contient que des puissances paires de l'inconnue.

L'équation bicarrée se présente sous la forme :

$$a\,x^4 + b\,x^2 + c = 0.$$

Pour résoudre une équation de cette espèce, qui ne diffère de l'équation du $2^e$ degré qu'en ce que x y est remplacée par $x^2$, et $x^2$ par $x^4$, on pourra prendre pour inconnue $x^2$.

Posons : $\qquad x^2 = y$ et $x^4 = y^2.$

Substituant ces valeurs dans l'équation proposée, elle deviendra :

$$a\,y^2 + b\,y + c = 0,$$

d'où l'on tirera :

$$y = \frac{-b \pm \sqrt{b^2 - 4\,a\,c}}{2\,a}.$$

Or, y n'est autre chose que $x^2$; donc

$$x^2 = \frac{-b \pm \sqrt{b^2 - 4\,a\,c}}{2\,a};$$

d'où :

$$x = \pm \sqrt{\frac{-b \pm \sqrt{b^2 - 4\,a\,c}}{2\,a}};$$

ce qui fournit pour x les quatre valeurs suivantes :

$$x = + \sqrt{\frac{-b + \sqrt{b^2 - 4\,a\,c}}{2\,a}};$$

$$x = - \sqrt{\frac{-b + \sqrt{b^2 - 4\,a\,c}}{2\,a}},$$

$$x = + \sqrt{\frac{-b - \sqrt{b^2 - 4\,a\,c}}{2\,a}},$$

$$x = - \sqrt{\frac{-b - \sqrt{b^2 - 4\,a\,c}}{2\,a}}.$$

Soit pour exemple numérique, l'équation :

$$x^4 - 169\,x^2 + 3600 = 0.$$

En posant $x^4 = y^2$ et $x^2 = y$, on obtient :

$$y^2 - 169\,y + 3600 = 0$$

d'où :

$$y = \frac{169}{2} \pm \sqrt{\frac{28561}{4} - 3600} = 144 \text{ ou } 25.$$

Comme $y = x^2$, nous pourrons écrire :

$$x^2 = 144, \text{ et } x^2 = 25,$$

d'où nous tirons les 4 valeurs :

$$x = + 12.$$
$$x = - 12.$$
$$x = + 5.$$
$$x = - 5.$$

———

# TABLE DES MATIÈRES

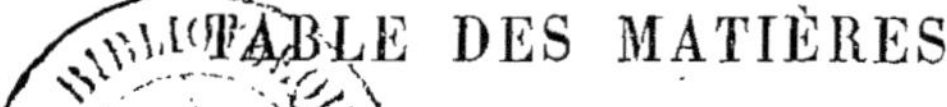




PARIS. — IMPRIMERIE DE E. MARTINET, RUE MIGNON, 2.

www.ingramcontent.com/pod-product-compliance
Ingram Content Group UK Ltd.
Pitfield, Milton Keynes, MK11 3LW, UK
UKHW022128070726
13613UKWH00003B/1286